下水道の

考えるヒント４

技術継承をめざして

中里卓治

環境新聞社

はじめに

下水道を一言であらわすと、「水の再生産」になります。
人は水なしには一日たりとも生きてはいけません。水を飲んだり、調理したり、洗濯したり、トイレを使い、風呂に入ります。そうして汚した水は莫大な量になります。その汚した水を元の姿に戻して自然に返すのが下水道です。もし、下水道がなくなると街は一夜にして汚水であふれてしまいます。

活性汚泥法を用いた近代下水道は、大正三年（一九一四）に英国で実用化され、世界中に広まりました。その結果、川や海の自然の水は見違えるほどきれいになり、ウオーターフロントが世界各地で復活しました。さらに、再生水利用や汚泥の資源化、省エネも進み、下水道は都市に不可欠の社会インフラとして機能しています。

日本では、活性汚泥法は昭和五年（一九三〇）に名古屋市熱田処理場に導入されました。当時は電力や鉄道が整備され都市が拡大した時期にあたり、拡張する市街地に対して、増大していく下水を限られた敷地で処理するという社会的要請に直面していたので、活性汚泥法は最善の選択でした。

活性汚泥法は限られた狭い敷地の中で大量の下水を処理することに適していて新興都市に最適な技術です。しかし、同じ量の下水を処理するのに、散水ろ床法に比べて大量の電力を必要とし、大量の汚泥が発生する弱点もあります。

現在の日本は人口減少社会で、これから一〇〇年後には人口が半分近くまで減少してしまうと予測されています。このように、将来、縮小する可能性の大きい時代にはこれまでの拡張に適した活性汚泥法から縮小に適した別の下水処理法に切り替えることも選択肢として用意しておきたいものです。例えば、活性汚泥法が発明されるまで主流の下水処理方式であった散水ろ床法は消費電力が少なく、汚泥発生量も少ない優れた方式です。もちろん、広めの敷地面積を必要としたり、変動負荷に弱いことや臭気・ハエの発生などの弱点があります。時々、生物膜が剥がれて流出するのも問題です。そこで、活性汚泥法を越える次世代の下水処理技術が生まれるまでの間は、一つの下水処理場の中に活性汚泥方式と散水ろ床方式を並置して、両者の特徴を生かせるようにハイブリッド運転をするアイディアもあります。実は、この運転方法は、百年前に東京市の三河島汚水処分場で行われていました。当時は、大正十一年（一九二二）に第一期工事で散水ろ床方式を採用しましたが、昭和九年（一九三四）の第二期工事には周辺の人口増加で流入下水量が急増して汚水処理能力が足りなくなり、急きょ計画を変更して活性汚泥方式を採用した経緯がありました。現在とは逆の方向でした。

このような理解に立つと、では今後下水道はどうなるかという疑問が湧いてきます。公共用水域の水質改善は一定の水準に達しましたが、都市縮小への対策はこれからです。線状降水帯等による大雨の激化には従来の雨水対策だけでは対応できません。二酸化炭素ガス排出削減への貢献も必要です。このような下水道を揺るがす課題には、回り道のようですが、今後の人材育成から取り組むことが大切です。これまでの経験や知識を引き継ぎ、次の世代に託すということです。これまでも行ってきたことですが、これからも拍車をかけて人材育成を進める必要があります。ただし、過去からの繰り返しだけではいけません。そこには、世代間の進歩、進展がなければいけないのです。そのためには技術をみがき、人を育てるという「技術継承」が不可欠です。

本書はこの下水道の技術継承に注目して「下水道の考えるヒント」シリーズを出版してきた第四弾です。

本書は三編構成ですが、第一編では「危機管理」をテーマにして下水道関係者が大災害や大事故にどのように対峙すべきかを論じます。第二編では「技術経営」をテーマにして下水道関係者が市民や技術とどのように関わっていくべきかを論じます。そして第三編は「技術継承」をテーマにして下水道関係者が世代を越えたチームプレイをどのように成し遂げていくべきかを論じます。

したがって、一編を各論とすれば二編は方法論、そして三編が結論という構成です。お急ぎの方は、どうぞ第三編からお読みください。下水道の人材育成という視点から、きっと、下水道の考えるヒントが見つかるものと期待しています。

「下水道の考えるヒント４」の概要は次のとおりです。

第一編　危機管理～その時あなたは～

「災害に学ぶ」　読者が大災害や大事故に遭遇した時、誰でも足がすくみ、頭が真っ白になります。その時に行うべきことと生きる術を示します。最初にすることは自分の命を守り、人の命を救うことです。次にすべきことは安否確認をして組織的に行動できるように動き出すことです。その際、危機管理の基本を押さえることが大切です。なぜ組織的に行動することが大切か、人と人との繋がりが大切か、考えるヒントを提供します。

「下水道事業の継続」　大災害からの復旧はまず、自助共助から始まります。この段階ですべきこと、準備しておくべきことを下水道の目線でとらえます。もし、下水道が機能不全に陥って多数の市民に使用自粛を要請しなければならない場面に遭遇したらどうするでしょうか。また、広域停電で街がブラックアウトになった時、市民は下水道に何を期待するでしょうか、下水道から市民に何ができるかと考えた時、下水道の機能を越えた何かが見えてきます。

「災害事例」　東日本大震災の教訓を真摯に受け止め、継承していかなければいけません。それは「想定しないことが起きた」ということでした。世界に目をやると、地震や津波で想定を越える被害が起きています。ポルトガルのリスボンでは高さ三〇メートルを超える津波の記録がありました。台湾の台南市では、地震で一六階建てのビルが倒壊して道路に埋設してあった配水管を破損させ、大規模な断水が発生しました。

第二編　技術経営　～変わる下水道、変わらない下水道～

「市民の変化」　技術経営は市民、都市の変化への適応です。市民は変化し続けています。その変化をとらえ、変化に応じた技術適用が必須ですが、いつも遅れ気味です。量販店では節水トイレ、食洗器、ドラム式洗濯機など節水性能の優れた高価な家電が売れています。このような市民の節水マインドに下水道はどのように取り組んだらよいでしょうか。行動経済学から読み取れる下水道使用料の高値感にどう対応したらよいでしょうか。

「下水道の変化」　下水道そのものも変化しています。下水温度は上昇しています。下水温度の上昇は下水道管腐食を促進する一方、活性汚泥の性能を向上させます。下水処理場ではBODの測定法を原因として処理水をきれいにすればするほど数値的には汚れるという現象が現れて困惑しています。このような時にこそ、下水道管路内で下水を浄化してしまうような新しい発想が必要です。それにはあえて夢を持つことです。夢しか実現しません。

「下水道技術経営の変化」下水道整備が進んだことにより、維持管理の新たな時代を迎えています。下水道コンセッションは浜松市で始まりましたが、運営に特化したこれからの展開が期待されます。官民連携を確実なものにするには、下水道をマーケティングの視点でとらえ、システム工学の手法でモニタリングすることが肝心です。近代下水道が幕開けて百年、下水道に新たな市場創造的イノベーション出現の舞台が整いました。

「下水道の付加価値」下水道には基本的価値と付加価値があります。基本的価値は百年来変わりませんが、付加価値は日進月歩で変化しています。都市施設として下水道マンホールと似ている電柱も時代の変化に応じた付加価値を提案しています。新幹線は感性価値を追求しています。これら、他事業の価値戦略を学んで下水道がどのような新しい付加価値を打ち出せるかが勝負です。それには環境未来都市の経済価値、環境価値、社会的価値を学ぶことです。

第三編　技術継承「人は石垣、人は城」

「人材育成・仕事とは」　地方公共団体技術者の役割は公共の福祉の実現ですが、市民の安全・安心を守り、効率的運営に努めることです。この基本を押さえたうえで、職員の研修やキャリア形成を通じて人材育成を進めなくてはいけません。多種多様に見える下水道の仕事も、問題発見や施設熟知というポイントを押さえれば横串が見えてきます。行き着く先は職員と市民の関係であり、医師と患者のような関係になります。

「人材育成・誇りとリスペクト」　下水道は汚い仕事です。しかし、「汚い仕事だからきれいな仕事でもある」というシェイクスピアの名句が思い起こされます。人の能力は誇りとリスペクトで発揮されます。下水道界は人材豊富ですので、誇りとリスペクトをどのように継承してきたかをアンケート形式で集め、分析してみました。すると、予想を越えた技術継承の実態が見えてきました。知識や経験が世代を越えてよどみなく伝わり、それが新たな展開を始める力になることこそ技術継承です。

「カギを握る暗黙知」　技術継承の要点は暗黙知です。暗黙知は「人は言葉以上のことを知っている」で定義されますが、継承するのは困難です。なぜなら、伝承者は暗黙知を知識として自覚しないで発揮していることが多く、継承者には気づきにくいからです。伝承者の暗黙知を気づくには、共同作業や行動観察が有効ですが、会議や講演を活用することも大切です。継承者が暗黙知に気づき、感動し、長期記憶に刻み込むことが必要です。なお、暗黙知は雲竜図やモナリザなどの絵画にも残されていました。

「学びと気づき」　技術継承の要は継承者が伝承者の言語化されていないサインに気づくことです。そのために、伝承者に直接接しなくても、継承者が考えることで気づくことが多々あります。オンライン講演会やグループディスカッションはその一例です。百年前の東京市三河島汚水処分場には、令和の下水道のヒントがありました。東京都下水道サービスが編纂した『証言に基づく東京下水道史』には先達の重い言葉が残っていました。伝承者の言葉の裏、文章の行間を読み取ることが大切です。

目次

3.「下水道技術経営の変化」……174

4.「下水道の付加価値」……205

第三編

技術継承「人は石垣、人は城」……233

第一編　危機管理「その時あなたは」

1.「災害に学ぶ」

読者が大災害や大事故に遭遇した時、誰でも足がすくみ、頭が真っ白になります。その時に行うべき事と生きる術を示します。最初にすることとは自分の命を守り、人の命を救うことです。次にすべきことは安否確認をして組織的に行動できるように動き出すことです。その際、危機管理の基本を押さえることが大切です。なぜ組織的に行動することが大切か、人と人との繋がりが大切か、考えるヒントを提供します。

正常性バイアスへの対応　～行動変容の難しさ～

正常性バイアス

正常性バイアスとは、自分にとって何らかの被害が予想される状況下にあっても、それを正常な日常生活の延長上の出来事として捉えてしまい、都合の悪い情報を無視したり、「自分は大丈夫」などと過小評価して逃げ遅れの原因になることです。（ウィキペディア）

令和一年（二〇一九）一〇月の台風一九号（令和元年東日本台風）によって長野県や関東、東北で大雨のため死者一〇五名、行方不明者三名という広域の被害が発生しました。当時、事前の避難勧告は徹底していましたが、高齢者を中心に避難するタイミングが遅れ、出水後に自家用車で避難しようとして被災して亡くなられたケースが目立ちました。

ところが、一級河川那珂川がはん濫した茨城県水戸市では死者は一人も出ませんでした。ライブドアニュースによると、水戸市は三年前から災害時に市内の寝たきり高齢者や要支援者などを自宅から避難場所へタクシーで優先的に避難させる制度を発足させ、今回も九人を送り届けたそうです。水戸市は常時から災害時に支援が必要な人を把握していて、避難支援する時には、まず市職員が本人の避難する意思を確認することが功を奏したそうです。

米国ニューオリンズ市郊外の住宅地にある公営避難バス停留所（2014年）

この水戸市の公的避難支援には重要な点があります。それは被支援者が正常性バイアスに陥りやすい状況のなかで、市職員による避難意思の確認やタクシー運転手の手助けなどで被災者の正常性バイスを抑え込んでいる点です。

公営避難バス

二〇〇五年八月に米国南部のニューオリンズ市でハリケーン・カトリーナがミシシッピー河下流を襲い、約五〇カ所も破堤して大規模な水害が発生しました。その際、何日も前から洪水の危機を予告して避難命令まで出ていたにもかかわらず多数の市民が逃げ遅れ、一八〇〇人以上の人々が亡くなってしまいました。逃げ遅れた人の理由はさまざまで、経済的に貧しくて避難のための自家用車を所有していなかったり、正常性バイアスが働いて避難する時期を逸したりしてしまいました。

同市はこの結果を重く受け止め、その解決策の一つとして公営避難バスを運行することにしました。つまり、再び巨大ハリケーンが同市を襲う時に貧困者や高齢者を市の責任で安全な避難場所まで運ぶことにしたのです。写真は著者が二〇一四年に同市を訪問した時、郊外の住宅地で見つけた公営避難バスの停留所です。そこには、普段使っている通常のバス停留所のそばに公営避難バス停留所を設置し、日常の延長で避難バスに乗れるような工夫が見られました。公営避難バス停留所は、その表示とともに、持ち物はトランク一個に限ること、自分のIDカードや常用薬の処方箋を忘れずに持ってくること、そしてアルコールやけん銃、ナイフは持ち込み禁止であることの注意書がありました。

いつも使っている近くのバス停から避難できるという手軽さや皆と一緒に避難できるという安心感、日ごろから公営避難バス停を目にしているという日常性が正常性バイアスを圧縮しています。

正常性バイアスの罠

正常性バイアスは避難行動を遅らせ、妨(さまた)げることが知られていますが、平時にはこれが日常生活を円滑にする支えとなっています。いつも同じ行動をすることによって失敗を避け能率的な暮らしを送ることができます。自分の家は安全、ということは長い経験から動かしがたい事実です。平時に家の前の道路から濁流が流れ込んで家が流されると想像できる人はほとんどいないのではないでしょうか。だからこそ、誰でも正常性バイアスの罠に陥りやすいのです。

そこで、災害時には日常性の思考から非常時に切り替えなくてはいけません。これが難しいのです。気持ちの切り替えは、避難指示のアナウンスやサイレン、第三者の声かけなど、いろいろな方法があります。これらを駆使して正常性バイアスの罠から抜け出る工夫が必要になります。

なお、ハリケーンや台風は来襲するかなり前から避難行動がとれますが、地震や津波はそうはいきません。時間がないので切り替えがさらに難しくなります。

正常性バイアスは既成概念や日常性に基づくものです。したがって、正常性バイアスの罠に陥るのは高齢者や病弱者だけでなく屈強な職員も同様です。大事故や大災害に遭遇した時、日常性を打ち消して非常事態に切り替えるのはかなり大変であるという認識が必要です。

四秒間呼吸法～緊張をほぐす～

恐怖反応訓練

大事故や大災害に遭遇した瞬間は、過渡の緊張で誰でも頭が真っ白になり、足がすくみます。これはむしろ普通の反応で人の正しい対応です。しかし、足がすくんでしまっては、自分自身の命を守り、周りの人の命を救うことはできません。一刻も早く心の平静を取り戻さなければなりません。そのためには、日ごろから訓練と準備が必要ですが、そのよい*テキストがあります。（＊『生き残る判断生き残れない行動』アマンダ・リプリー、光文社、二〇一一年、一四八頁）

同書によると、米国特殊部隊グリーンベレーの戦闘訓練やＦＢＩの捜査官に対する恐怖反応訓練では、次のような呼吸法を教えています。

（1）四つ数える間に息を吸い込み、
（2）四つ数える間、息を止め、
（3）四つ数える間にそれを吐き出し、
（4）四つ数える間、息を止める。

この動作を数回繰り返すと心が静まりパニックや過呼吸から逃れられるそうです。

呼吸法の仕組み

同書によればその理由は、「呼吸は体神経系（意識的に制御できるもの）にも自律神経系（容易に意のままにできない心臓の鼓動など）にも存在する数少ない活動の一つである」からだとしています。自律神経系は交感神経と副交感神経に支配されていますが、交感神経はアドレナリンや副腎皮質ホルモンの分泌が増えると働きを促進して心拍数を上げ、瞳孔が開き、血管を収縮させ、骨格筋を収縮させて身構え、発汗をうながして戦闘に備えます。一方、副交感神経はインスリンや性ホルモンの分泌が増えると働きを促進して心拍数を下げ、血管や骨格筋を弛緩(しかん)させ、リラックスして内臓の働きが活発になります。この四秒間呼吸法は副交感神経に働きかけて自律神経系の緊張をほぐす効果があるのです。ヨガや出産のラマーズ法では別の呼吸法を説いていますが目的は同じです。単に深呼吸をするだけでも効果がありますが、四秒間呼吸法はそれより一歩進んだ方法です。

ルーチン

そこで、著者は講演会の途中に、聴衆の疲労と緊張を和らげる方法としてこの呼吸法を紹

著者の講演会で四秒間呼吸法を試みている
S社の皆さん（2016 年）

介して実際に試みてもらうことにしています。写真は聴衆に両腕を頭で組んでもらい、背筋を伸ばして四秒間呼吸法を試している場面です。

もちろん、緊張をほぐす方法は他にもあります。プロ野球選手がガムをかむのはあごの運動で唾液の分泌が活発となり消化器官も動き出して体調を整え、心の動揺を抑えることができるからです。イチロー選手が打席に立ってバットを構える時に繰り返す、あの独特の動作（ルーチン）も、緊張で硬くなった筋肉を解きほぐして平常の能力を引き出す方法です。ルーチンは筋肉だけでなく、メンタル的にも緊張を解きほぐす効果があります。適度な緊張は身体能力を最高のレベルにすることができますが、過渡の緊張は体の均衡を損ない、結果的に身体能力を低下させます。心も同じです。長い間緊張状態が続くとストレスが蓄積して体の免疫力が低下し、病気になりやすくなるそうです。

著者が都庁の管理職になった時、ある先輩から「これからはストレスが多くなるから、リラックスする方法を複数持っていたほうがよい」とアドバイスされたことがありました。当時、四秒間呼吸法は知りませんでしたが、緊張する場面では指のストレッチをすることにしていました。重要な会議に臨む時は、資料に目を通した後、一度全部忘れてヘッドフォンで大音響の音楽を聴いて頭をリセットすると、意外と自然体で対応できるものでした。

安否確認の重み ～部分最適と全体最適～

ハドソン川の奇跡

トム・ハンクス主演の映画『*ハドソン川の奇跡』は、緊急対応のテキストです。（＊二〇一六年、監督クリント・イーストウッド、米国）

この映画は二〇〇九年一月、ニューヨーク市ハドソン川に不時着して乗客と乗務員一五五名を無事生還させたUSエアーウエイズ一五四九便の機長の物語です。ニューヨークの空港を離陸した直後にバードストライクで両方のエンジンが停止してしまい、飛行不能となってしまいました。このため、機長はとっさの判断でハドソン川に不時着することを決断しました。

究極の判断

映画では、国家運輸安全委員会は機長の決断が誤りだったのではないかとの疑問をもち調査を始める、という場面から始まります。滑空状態でも離陸した空港へ戻れたのではないかという疑問です。事故から不時着水までわずか二〇八秒という限られた時間の中で、不十分な情報で不時着か空港へ戻るかの判断を迫られ、機長は自分の経験も交えて不時着を決断し、実行しました。最終的には国家運輸安全委員会の疑問は晴れるのですが、機長は業務上過失を問われかねない緊迫した審査を受けます。疑問の晴れた理由はネタバレになるのでここでは触れません。

Brace for impact

着水に至る過程で、機内では危機管理について幾つもの重要なシーンが出てきました。

着水寸前に客室乗務員が乗客に向かって「Brace for impact!（衝撃に備えろ）」「Head down! Stay down!（頭を下げて、姿勢を低くして）」と金切り声で叫び続けました。このような、大きな声の警告は四秒間呼吸法と同じように、緊急時に乗客を落ち着かせる効果があります。特に、低い声より金切り声の方がその効果は大きいそうです。着水直後には機体後部から浸水し、乗客は我先に外に出ようと急ぎました。非常口近くの乗客は協力してドアを開け、そのドアを海に投げ込み、救命ボートを膨らませました。そこに次から次へと乗客が乗り移りました。幸い、ハドソン川には多数のフェリーボートが運航していたのですぐに現場に駆けつけて乗客全員をわずか二五分で救出しました。

安否確認

救助された乗客が陸に上がってまず行ったことは、家族や会社に自分の安否を報告することでした。機長は乗客が全員救助されたことを確認すると、自分自身も短い時間ですが家族と携帯電話で連絡をとり、安否報告をしました。この安否確認については、映画のパンフレットによると、「ニューヨーク市の担当者が携帯電話を山ほど抱えて『家に電話する人はいませんか』と避難した乗客の周りを歩きまわった」とのことでした。

大事故や大災害に遭遇した時は自分の命を守ることが最優先です。そして、次に行うことは安否報告です。安否確認は、家族や職場に第一報を入れて組織的に動き出すために、危機管理では非常に重要な行為です。

安否確認の改善

安否報告は電話やメールが一般的です。「ハドソン川の奇跡」で乗客が避難したニュージャージー州ホーボーケン市で二〇一六年九月に列車が駅舎に衝突し、多数の死傷者が発生する事故が起こりました。この時に、同州に住んでいる友人から安否確認について興味深い話を聞きました。

彼の会社では、災害や大事故が発生した場合に、当時としてはまだ珍しかったのですが、その対象エリアの全社員に対して自動で安否確認を行うシステムを導入していたそうです。このシステムは、現在では日本でも商品化されていますが、大事故が発生すると社員に向けて安否の報告を促す電子メールや音声通報を一斉に自動送信し、社員はそのメールに空返信、あるいは指定された番号に電話をかけるだけで自分の安否報告ができるというものです。

安否確認の訓練

その会社では、安否確認の訓練は年に数回行われているそうです。この「年に数回」が重要です。一般的には、災害や大事故の際には電話回線はつながりにくくなります。東日本大震災の時は、仙台市内では地震発生直後には音声通話は通じていましたが、すぐに輻輳(ふくそう)で途絶しました。メールはさらにしばらくの間利用できていたそうです。このような事情を考えると、安否確認の自動化は個々には賢い方法ですが、多数の企業がこのシステムを一斉に運用すると電話回線の混乱を加速して全体最適を損なう恐れがあります。一方、先の友人の事例のように安否報告として空メールだけを送ることは、小さい通信量でとりあえず安全であるという最小限の情報を伝えることができ、通信容量の軽減に貢献します。発災直後に多くの市民が個々に行う会社や家庭への安否報告も同様です。安否確認は被害者の動向を家族や職場に伝えて、組織的に動き出す第一歩ですが、同時に電話回線やスマホ回線を混乱させないことが重要です。

取材対応の心得 ～情報発信のしかた～

管理職養成研修

大事故や大災害が発生するとリスクコミュニケーションが必須です。例えば、下水道の仕事をしていると、まれに事件や事故で新聞やテレビの取材を受けることがあります。突然、記者から電話取材を受けたらどうしたらよいでしょうか。

著者が都庁の課長職になる直前の管理職候補者研修で、当時の東京新聞編集長の講義を受けたことがありました。夏の暑い日、その編集長は白いスーツに身を固め、都庁の管理職候補生に対して諭すように話し始めました。

その中の幾つかの要点は今でも鮮明に覚えています。その一つは、「課長になったら異性問題には気を付けろ」、と述べたことです。せっかく都庁の課長になっても異性問題でその地位を失うことのないように、と戒めていました。

二つ目は、「新聞記者を甘く見るな」、ということでした。編集長が記者を甘く見るなとは、将来の都庁管理職に対して威かくしているようにも聞こえましたが、その後の説明を聞いて納得しました。というのは、記者の取材があった時には決して嘘をついてはいけないし、管理職としてあいまいなことを言ってもいけない、ということでした。新米記者の取材でも、記事にする時には必ず複数の情報源で裏を取ります。ですから、記者から取材を受け、答えに窮した時、どうせわからないと思ってその場逃れの嘘をつくと後でばれてしまうということでした。また、生半可であいまいな話をすると、記者は自分で判断してある方向性の記事にしてしまう恐れがある、ということでした。

三つ目は記事に誤りや事実誤認があった場合にはすぐに抗議してほしい、とのことでした。記事を訂正するのは新聞社にとっては不名誉なことですが、編集長としては、メディアの質を維持するうえで読者の抗議はむしろ歓迎だそうです。

何十年も前の研修でしたが、なぜか今でも鮮明に覚えています。

事件発生

それから十数年後、東京都流域下水道本部で多摩地区の複数の水再生センターを統括する課長になった時に事件が起きました。深夜二三時ころに自宅でくつろいでいると、毎日新聞社の記者から電話取材が入り、いきなり「あなたの担当している水再生センターで事件が起きているが知っているか」、と投げかけてきました。著者は知る由もなく、正直に「知りません」、と答えるしかありませんでした。その時は、記者に対して「状況を把握したら必ず伝える」と述べて、相手の電話番号を聞いて電話を切りました。すると、続いて読売新聞社の記者からも同様の電話取材がありました。テレビを見ると、二三時から始まるニュースでその事件を報道しているではありませんか。驚いて、何はともあれ身支度をして深夜のタクシーに飛び乗りました。

たまたま、当時は遠距離通勤でしたので自宅のある横浜市から現場に着くまでに二時間以上もかかってしまいましたが、その間、タクシーの中で最初にしたことは、上司の鈴木宏部長に第一報を入れたことでした。いわば、水再生センターの安否報告第一報です。その時点では何が起こっているかわかりませんが、とにかく現場へ向かっている、ということだけ伝えておきました。

次に、現場の水再生センターと連絡を取り、たまたま近くに住んでいてすでに水再生センターに駆けつけていた部下の町野豊水質係長から現場状況を聴取して状況を把握しました。事件の原因は後ほど明らかになるのですが、前日の日中に水再生センターからの放流水が工事のため一時止まった時、放流先の水辺で大量の小魚が酸欠で浮上したことでした。これが市民の目に触れて毒物が水再生センターから流れ出ていると勘違いして警察に通報されてテレビニュースになったものです。現地では一時、消防車やパトカー、テレビ中継車が集結して大騒ぎになっていました。

そこで、とりあえず先ほどの毎日新聞の記者と読売新聞社の記者に分かった範囲で現況を伝えました。伝える順番は、取材してきた順番でした。

課長の役割

現場に到着すると、深夜にもかかわらず、すでに出動していた職員の活躍もあって、事態はすでに収束段階に入っていて警察や消防は撤退するところでした。しかし、事態は収束しても水再生センターを預かる課長としてはまだやらなければならないことが三つありました。一つは当事者として事態の収束をはっきりと確認することです。自分の目で確認しないことにははっきりとしたことは言えないのです。二つ目は現場に対策本部を立ち上げて情報収集や情報発信の一元化を図り、責任と権限を明確にすることでした。そして三つ目は夜が明けて朝のニュースが流れるころまでに、東京都として世間を騒がせたお詫びの公式見解を発表してリスクコミュニケーションを行い、説明責任を果たすことでした。

事態収束の意味

この事件は水再生センターの放流先で酸欠によって魚が大量に浮上したことを契機に発生しました。そこで、地元の協力企業に頼み込んで翌朝の一番に浮上した魚を回収しました。

そのうえで、放流先の多摩川下流五キロまで職員を派遣して浮上した魚がいないことを目で確認し、事態収束宣言をしました。事件や事故が起きた時は、事態収束のゴールを明確にして当事者間で共有することが大切です。終わりや区切りのない対策は職員の疲労を高めるだけで、二次災害の恐れも出てきます。

現地対策本部

二つ目の現地対策本部設置は危機管理の要です。当日は著者の課長席を現地対策本部と宣言し、全ての情報をそこに集めました。そして白板にこれまでの事件の経緯を時系列で書き込み、現地対策本部に来れば誰でも経緯が分かるようにしました。また、朝になってから外部の取材や問い合わせが相次ぎましたが、取材は全て課長が一元的に対応することにして、昨晩の毎日新聞や読売新聞の追加取材にも応じました。

公式見解

三つ目は、事件のてん末を文書にまとめてお詫びの公式見解を作成し、都庁内での合意了解を得て発表することでした。事件が起きて世間を騒がした時のリスクコミュニケーションに相当する公式見解の重要性と作り方、伝え方は『水道公論』平成二十八年（二〇一六）四月号の「ＦＩＮＤＥＲ⑤」（公式見解）にまとめましたので参照してください。とにかく、深夜のテレビニュースにも取り上げられて世間を騒がせたのですからお詫びの公式見解を出さなければなりません。公式見解には、①事実経過、とともに、②原因究明、③再発防止策、それに④お詫びの言葉の四点は不可欠です。公式見解を伝えるべき部署は地元自治体、河川管理者、マスコミ、都議会、国土交通省、警察、消防など一〇〇カ所近くもありましたので、職員が手分けをして配布しました。水再生センターを監督している都庁環境部門や国土交通省京浜工事事務所には職員が出向いて報告しました。公式見解は下水道部門の関連部署職員にとっても重要な情報源になるので、内部配布も大切です。それだけに、原案を作り、上司や総務部門などの了解を取る作業は時間との勝負でした。

以上の経験から、公式見解の例文を予め用意し、その配布先はリスト化して同報メールで送れるようにしておくことの必要性を学びました。

記者対応

この事件を通して、新聞記者の取材の意味を考えてみました。記者は下水道をよく知らなくて取材するケースがほとんどです。その記者に、魚が浮上した原因や、すでに危険でない状態であること、河川に対する下水道の役割などを短い時間で説明することは結構大変な作業でした。だからこそ、ていねいに取材を受けなければなりません。質問によっては、即座に答えられないこともあります。その時は、後ほど調べて答えればよいのです。いわば、「正確、明瞭、公平」が取材対応の原則です。記者にとっても限られた時間の中で記事を他社に遅れることなく正確に、明瞭に書かなければならないので、そのニーズに応えることが取材を受けるコツでした。社に帰れば編集長に叱られ、書き直しを命ぜられることもあるはずです。その時、記者の力になれれば取材を受ける側の姿勢として合格です。

記者を味方に

もう一つの自覚は、記者の向こうに市民がいるということです。記者が記事を書けば市民がそれを読み、世論が形成されるのですから、取材にはできるだけ協力して市民への情報提供に努めることがお互いの共通の責務であるという認識が大切です。記者の中には、取材時に、相手に恐怖を感じさせたり責任を追及するような口調で攻撃して本音を引き出そうとする人もいます。同じ新聞社でも、都庁クラブに所属している記者よりも社会部や遊軍に所属している記者のほうが、この傾向は強いです。それでも記者と目的を共有するという姿勢が大切です。記者から挑発を受けても、記者の向こうに市民がいるとの関係を忘れずに、感情に走らないことです。

取材記録

取材を受けた時は必ず記録を取る必要があります。また、相手の連絡先を確認し、記事の掲載時期を聞くことが大切です。記者は掲載については編集者の意向があるので正確には答えにくいところですが、記者と信頼関係が作れれば答えてくれるものです。親切な記者なら、「社に戻って編集者と相談して答える」、と言ってくれるでしょう。逆に記者が、「そのようなことは答えられない」、と言うのはお互いにまだ不信感が残っているからです。

なお、取材を受ける時は、できれば職員を立ち会わせるとよいです。また、相手に断ったうえで録音しておくことも大切です。新聞記者はいつも録音しながら取材をしているとみるべきです。そして、取材が済んだらすぐに内容を記録して上司に報告します。

組織的行動の大切さ　～期待と信頼に裏付けられた組織～

マーチングバンドのトラブル

平成三十年（二〇一八）五月の連休に、「ザよこはまパレード」を見物しました。このイベントは毎年横浜で開催されていて新緑の市内を多数のブラスバンドグループが練り歩く年中行事です。その中で座間市少女マーチングバンドが行進している時に感動的な出来事がありました。

このグループは、フラッグ隊の四人の少女が先頭で横一列に並び、それぞれが一本ずつ大きい旗を手にして後続の吹奏楽バンドの演奏音楽に合わせて旗を右へ左へと大きく振りながらダンスをして進んでいました。少女たちがはつらつと演技している姿はなかなかのものでした。そして隊列が著者の見物している場所に近づいてきた時、一番奥の少女の振った旗が勢い余って手から離れ、地面に落ちてしまいました。その時、少女があわててその旗を拾うだろうと見守っていたら、予想に反してそのまま腕を後ろに組んで背筋を伸ばして音楽に合わせて歩き始めました。他の三人の少女はこの事態を知ってか知らぬか、一生懸命に旗を振ってダンスを続けていました。そして落ちた旗は後続の吹奏楽バンドの列に踏みつけられてい

パレードに併進する支援スタッフ（2018 年）

るようでした。

　すると、写真のようにパレードを支えるために黒い私服で併進していたグループスタッフの一人が落ちた旗を素早く拾って少女に駆け寄り、旗を横にしたまま後ろに組んでいた両手に手渡しました。そして、その少女は何事もなかったかのように旗を手にしてダンスを再開しました。

オーケストラの組織力

　この出来事を見て、昔コンサート会場で目にしたあるオーケストラのトラブルシューティングを思い出しました。それは、オーケストラの舞台右手最前列にチェロ奏者が四人並んで演奏していた時のことでした。突然、指揮者に一番近い第一チェロ奏者の弓の弦が切れてしまいました。その時、第一奏者は切れた弓を足下におくと第二奏者から弓を受け取り、何もなかったかのように演奏を再開しました。すると、それを見た第三奏者は自分の弓を第二奏者に渡し、第四奏者は第三奏者に渡しました。その結果、第四奏者だけが演奏できなくなってチェロを両手で抱えて視線を前方に向けて座っていました。

訓練とチームワーク

マーチングバンドとオーケストラの話は示唆に富んでいます。いずれも旗を落としたり弓の弦を切ったりした時は、あわてず組織的に対応するということでした。つまり、旗を落とした少女はスタッフが必ず拾ってくれると信じ、後ろを振り向くこともせずに落ち着いて行進を続けていました。弦を切ってしまった第一奏者は臆することなく隣の第二奏者の弓を手にして演奏を継続しました。とっさにこのように落ち着いて行動できたのは、日ごろの訓練とチームワークのたまものでしょう。すぐに旗を拾い上げ、さりげなく少女に旗を手渡したのはスタッフが自分の役目をよくわきまえていたからです。第二奏者が第一奏者に自分の弓を渡すという行為は、重要なパートを演奏する第一奏者を第二奏者が常に気づかっていることから出た自然な行動なのです。少女とスタッフ、第一奏者と第二奏者の連係プレイが事故の拡大を防いだ、と理解したら感動しました。組織的行動とは、期待と信頼で裏付けられたこのようなものです。

レジリエンス

マーチングバンドやオーケストラの訓練とチームワークの成果は見事なものでした。「ザよこはまパレード」で著者が見聞した範囲の危機回避は時々起こることで想定できるものですが、おそらく想定外の事態が生じても応用できそうに見えました。例えば、マーチングバンドで演奏者が熱中症で倒れたら、黒服のスタッフが駆けつけて介護をするでしょう。オーケストラの会場で大地震が起きたら、団員は観客の避難誘導に一役買うような気がしました。

想定内のトラブルに備えた訓練やチームワークは、想定外の避けがたいトラブルにも有効です。想定外で被害を免れることはできなくても、できるだけ被害を少なくするとか回復力を温存するなどのレジリエンス的な効果が期待できそうです。訓練やチームワークは奥が深いです。

必読書・指揮心得 ～有事に備える必読マニュアル～

指揮官の行動規範

災害時の組織的対応を理解する際、国土交通省東北地方整備局が出版している「災害初動期指揮心得」は必読書です。これは、東日本大震災での過酷な経験と教訓をまとめて今後の東北地方整備局の指揮官の行動規範と位置付けた内部資料でした。これが口コミで評判になり、平成二十五年（二〇一三）には一般向けに発刊しました。その内容は、発災後のとるべき行動を、一時間、一日目、一週間目に分けて示し、具体的な対応事例や課題を記述したものです。大規模災害時に国土交通省の支援を受ける地方公共団体職員としても知るべき要点が多々記述してあります。

発災後一時間

「災害初動期指揮心得」によると、大規模災害には発災後の一時間は混乱の中で初動体制を確立する時間としています。現場指揮官にとって、一時間を過ぎると各部署から情報が入り始め、基本的な指示を出す余裕がなくなります。そのため、一時間以内に初動体制を確立して必要な指示を繰り出すことが大切、としています。なお、東日本大震災は勤務時間中に発災したので幹部職員の大部分が在席していたという好条件がありました。しかし、ほとんどの災害は幹部職員がいない時間帯に発生して宿直者や交代勤務者が最初の指揮官として機能する可能性が高いことに注意しなければいけません。

この初動段階で行うことは、施設、庁舎の機能確認、各組織の現在の指揮官の確認、職員の安否確認、家族の安否確認、の四点です。ここで注目すべきは家族の安否確認です。職員の安否確認はもちろんですが、その家族の安否確認も大規模災害では必須でした。実際に東日本大震災では国土交通省職員の犠牲者はいませんでしたが、家族で犠牲になった方は一親等だけでも一〇名もいました。

また、同書では一時間報告ルールを提案しています。これは、発災後一時間経過した段階で現場把握、被害調査が十分にできていなくても上部組織へ自発的に報告する仕組みです。被害なしの報告も大切です。被害の程度や影響の大きさによっては一時間ではとても把握しきれない場合が多いですが、ともかく一時間を目安に分かった範囲で報告することが大切です。上部組織から見ると、報告が来ないのは、報告ができないほどひどい被害を受けているということになります。もちろん、報告ができないという情報も重要ですが、現地からの不完全情報報告のほうがはるかに価値があります。そして、いずれも、マニュアルや訓練を通じて組織的に周知しておき、自発的に行える仕組みを作っておくことが大切です。

発災後一日目

同書では、この期間は初動期の大方針を決定する時間帯と位置付けています。一般的には全体像が見えず情報が不足する中で大方針を打ち出さざるを得ないことが多いです。その場合には、「早く、大きく構えるべし」、としています。つまり、「後でむだにならないように」と考えずに最悪の事態を想定して大きく構えることを推奨しています。

東日本大震災では、この段階で国土交通省は*道路啓開の大方針を決定し、各地の建設業者に協力を求めました。道路啓開作業には実に二九社が参加して、「くしの歯」状に救援道路のがれきを撤去する作業に従事しました。（＊緊急車両の通行のためにがれき撤去や段差修正して救援ルートを確保すること）

同書によると、建設業者のうち一二社は自主的に出先事務所に駆けつけ、一三社は電話での出動要請に応じました。残る四社は自主的に作業に着手していました。一社は国土交通省職員が建設業者事務所に出向いて参加協力要請をしました。このような状況を考えると、地方公共団体レベルでは災害支援協定を締結しているということで事足りると考えるのではなく、普段から建設業者とのコミュニケーションや信頼関係を確立しておくことが大切です。

さらに、同書では「避難民の保護」として庁舎で避難民を受け入れることとし、「宿泊、情報提供、トイレの利用、充電、食料提供、けがの手当て、外部との連絡、病院・避難所への輸送、マスコミへの情報提供を本来業務として対応すべし」としています。実際に当時は国土交通省の出先事務所でも六事務所で三〇〇名を超える避難民を一時受け入れました。

地方公共団体が管理している下水処理場、ポンプ場、下水道事務所では避難民を受け入れないことを前提にしているところが多いですが、東日本大震災で津波に襲われた地域では、付近の住民が下水処理場に避難して命が助かった例もありました。災害対策基本法に定める指定緊急避難場所や指定避難所ではなくても、庁舎や施設に何十人もの避難民が救いを求めてくることが考えられますので、相応の資材備蓄と緊急時のルール作りが必要です。

発災後一週間

一週間目は復旧が軌道に乗る時期で、日々秩序は回復していきます。その時、発災直後には想定していなかった新たな事態が発生して新たな困難が生まれます。同書によると、この段階でありがちなミスは、対処すべき全体像の大きさを見誤ったり、所管を越えることにちゅうちょしたり、職員への負担の増加のあまり、しり込みしたりして大きく構えきれない失敗を犯すこと、としています。この段階で必要なことは、指揮命令系統の確立と権限委譲、情

TEC-FORCE 排水ポンプ車　（国土交通省災害対策用機械ホームページより）

報収集、そして報告です。

国土交通省地方整備局が組織しているＴＥＣ－ＦＯＲＣＥ（テック・フォース）は応急復旧に大いに貢献しました。ＴＥＣ－ＦＯＲＣＥは衛星通信車、対策本部車、排水ポンプ車、照明車からなる災害支援チームで、平時は全国の地方整備局に属して、大規模災害時に出動します。ＴＥＣ－ＦＯＲＣＥによる地方公共団体支援は、基本的には首長の要請に基づいて行います。その際、例えば排水ポンプ車の出動要請をした場合にはその燃料費用は要請した地方公共団体が負担することになっていました。そのため東日本大震災当時、費用負担を懸念して出動要請を渋る地方公共団体がありました。この教訓に基づいて、東日本大震災後の津波水害による排水ポンプ車出動要請時には、その燃料費用も国費負担できる制度が生まれました。

また同書では、長丁場の災害対策について、職員の過労を防ぐために勤務と休養を交互に取るローテーションを早い時期に確立することを提案しています。とりわけ、職員が休養することも仕事の内、という認識を徹底し、現地指揮官が率先して強く進めるべきであるとしています。そして非常時には、現地指揮官は職員と同じ場所で同じものを最後に食べることを心がけておく必要があるそうです。*ノブレス・オブリージュです。（＊高貴なる義務）

教訓と課題

未曽有の大災害であった東日本大震災は多くの教訓と課題を残しました。同書の記述は地方公共団体職員も大いに学ぶべきです。特に現地指揮官は特別の存在ではなく、現地で指示する立場の全職員が該当する、と指摘しているのは納得できます。つまり、平時は指揮命令系統がボトムアップを基本とする意思決定で行われていますが、有事には現地指揮官は全体像が見えない中で即断即決のトップダウンが求められています。そのためには、日ごろの訓練、技術力、見識、人間性などにもとづく迅速な意思決定が大切で、「早く大きく構える」という災害対応の原則や「非常時の覚悟」が求められます。この関係は事故や不祥事対応などにも通じるものです。

災害の心構え

平時と有事では、組織も職員も考え方を一八〇度変える必要があります。平時には当たり前のことが有事では不都合になり、平時に非常識であったことが有事では必須になります。そこで、「悲観的に準備して楽観的に対処する」という覚悟が必要になります。これは、平時には限りなく悲観的に訓練や備蓄を行います。しかし、いったん事が起きたら「何とかなる」「いつかは解決する」との気持ちをもって精神的にくじけずに突き進むことを意味しています。そして、「悲観的に準備すれば楽観的に対処できる」ことになります。

危機管理の基本 ～その時、いかに行動するか～

線状降水帯

地球温暖化の影響で、全国どこでも線状降水帯が発生して大雨の災害が発生する可能性がでてきました。歴史的な大雨がいつどこで降ってもおかしくない状況です。このような大雨に見舞われ、雨水排水能力を大きく超えて浸水が発生した時の下水道関係者の心構えを考えていた時、三人の自衛隊統合幕僚長ＯＢによる＊報道討論番組を視聴しました。（＊フジテレビ『プライムニュース』、二〇二〇年二月一九日）危機管理のプロフェッショナル自衛隊の歴代トップを迎えたこの番組は、表の「危機管理の基本」のパネルを示しながら進行しました。この「危機管理の基本」を下水処理場に適用すると以下になります。

最悪の事態

危機管理は「最悪の事態」を想定することが大切です。下水処理場での最悪の事態は、市民の死亡事故を起こしてしまうことです。例えば、深夜の大雨時に設備の老朽化で停電が発生し、非常用発電機が起動できず雨水ポンプ機能を喪失してしまったとします。その結果、

危機管理の基本・フジテレビ『プライムニュース』より（2020年2月19日）

・「最悪の事態」を想定→「初動対処」への全力投入
・「優先順位」の適切な決定
・「権限」の集約→「指揮系統」の単純化
・「情報集約・発信」の一元化
・適切な「リスク見積もり」と現場への説明

街に下水が逆流して浸水を起こし、マンホール蓋が外れて市民が下水道管に落ちて行方不明になったという想定です。

組織的行動

事故の一報が、たまたま下水処理場で夜間勤務をしていた職員に入ると、事故発生直後の現地責任者は下水処理場交代勤務班の班長になります。彼は事故の全体像を十分に把握できない中で初動対応することになります。この時、班長が組織を代表するかたちで対外的に対応するのは勇気がいりますが、思い切って全組織の長になったつもりで「災害初動期指揮心得」の所でも述べたように、とにかく空振りを恐れずに大きく準備することが大切です。この段階で注意すべきことは職員の二次災害の防止と冷静に事態を見守り組織的行動につなげることです。部下職員の安全確認と上司へ第一報を入れることを忘れてはいけません。

優先順位

事故発生時には、人材も資材も、そして情報も不足していることが一般的です。その時、限られた資源の中で何を最優先にすべきか、次に何をすべきかを決めることがリーダーの役割です。今回の事例の場合、班長が最初にすべきことは停電の復旧です。その次は雨水ポンプの機能回復と沈砂池で被害者の発見に努めることです。街のマンホール点検は管路管理部署に依頼します。そして時間が経過すると応援部隊が集まり、組織的対応に移行します。

権限

休日に下水処理場が停電し、それが原因で街が浸水する事態が生じた時、この場合も最初の責任者は交代勤務の班長です。班長は職務として人命救助を初め、停電の復旧や雨水ポンプ機能の回復など、多方面の対応に努めなければなりません。そのために部下を掌握して陣頭指揮をします。時間が経つと下水道部門の課や部が動き出して一定時間後には市長につながる指揮命令系統が機能し始めます。この時、現場の状況を最もよく把握しているのは班長ですから、上司はできるだけ班長に権限を委譲することが大切です。しかし、責任は上司が取るという信頼関係が大切です。組織的行動の前提には信頼関係があり、その重要性は前の章「組織的行動の大切さ」で述べたとおりです。

情報集約・情報発信

現場から本庁、上司への報告は班長の責任で行います。報告を受ける部署は、班長を飛び越えて直接に職員に事情を聞いたり指示をしてはいけません。メディアとの受け答えは窓口を決めて一元化しなければいけません。一元化する理由は、発言に責任を持つとともに、メディアとある種の信頼関係を構築するためです。行政にどんなに批判的なメディアでも、その先には納税者、下水道使用者がいることを忘れてはいけません。納税者、下水道使用者は下水道事業の支援者でありスポンサーなのです。ただし、現場への直接取材は断り、情報提供はメディア各社平等にします。もちろん、現場の班長は逐次本庁、上司に報告をして指示を受けますが、連絡がつかない場合には上司を飛び越して市長に直接報告することも覚悟しておかなければなりません。この場合には。後で上司に報告することになります。

リスクアセスメント

人身事故や停電に伴う数々のリスクについて、

① 絶対に排除しなければいけないリスクか？
② 一部は許容できるリスクか？
③ 全部受け入れてもよいリスクか？

④ 保険等で他者に移転できるリスクか?

を見極めるリスクアセスメントが大切です。そして、浸水した地域住民や復旧対応に従事している現場職員にも逐次関連情報を提供することが要点です。地域住民や現場職員との信頼関係は何よりも重要なものです。そして、言葉にしないと通じないことがありますので、信頼関係を築くリスクコミュニケーションは必須です。

東京防災を読む　～自助・共助の重み～

防災本の決定版

市民として災害に立ち向かう時に、大いに参考となる小冊子を紹介します。

災害は突然襲ってきます。その時、最初に対応するのは自助と呼ばれる個人的行動です。次にお互いに助け合う共助が生まれ、最後に行政による救援活動、公助となります。この、最初の段階の自助・共助は重要です。この市民一人ひとりに依存する部分に焦点を当てた本が「東京防災」です。

写真の「東京防災」は平成二十七年（二〇一五）に七五〇〇万冊発行しました。これは東京都の印刷物ではベストセラーです。当時、東京都の全世帯、全事業所に＊ポスティングで配布して話題になりました。（＊あて名を書かないで全世帯、全事業所の郵便箱に投函することで、あて名を書いて配るより迅速、低コスト）

1冊140円で市販されている東京防災

この種の防災関係小冊子はどこの地方公共団体でも作成していますが、「東京防災」は実用的でわかりやすく、かつ体系的にまとめられていて傑出しています。同書には災害から身を守る術が余すとこなく書かれていて小冊子とはいえB6判の三三八ページもあるしっかりとしたものです。中身は、挿絵が多くて文字が少ないのが特徴です。当時はまだ現実的ではなかった、東京がミサイル攻撃をされた時の身の処し方まで書いてあります。

有料販売

無料配布の後、好評でしたので増刷して希望者にも有料で販売しています。値段は原価の一四〇円。都庁三階にある都民資料室や東急ハンズ、全国の主な書店などで入手可能です。電子版は東京都総務局のホームページからダウンロードできます。

自助・共助の重要性

「東京防災」の最初には「地震発生直後」の行動についての解説があります。この段階ではだれでも気が動転しますが、「落ちてこない、倒れてこない、移動しない」場所に身を置き、何よりも自分自身と家族の命を守る行動が最優先です。そのために震災直後にすべきこと、してはいけないことを具体的に示しています。次に、地震動が一段落すると危険から身を遠ざける「避難」行動に移ります。ここでは、東京で大震災に遭遇したら自分の命をどう守るか、という視点で避難のフローチャート図や避難の判断、注意点が示されています。そのなかで特に、自宅や勤務先において「大震災の避難シミュレーション」を行うことを呼びかけています。

特記すべきは、避難とともに可能ならば一人でも多くの人を助ける共助を行い、災害の被害を軽減することを求めていることです。共助とは助けられることではなくて助けることです。そして、その共助の必要性と方法を具体的に明記しています。

避難所の役割

「避難所」の解説では、避難所到着後のフローチャート図が示されています。避難所に到着して最初にすべきことは、自分の住所、氏名、連絡先を申告することです。避難所の生活は避難者同士の助け合いや協力が不可欠です。家族や隣近所の人との安否確認も重要ですし、避難者が受付や炊き出しなどの割り当てられた仕事をこなすことも大切です。避難所での要配慮者への思いやりも必要です。ここは、避難所を経験したことのない大多数の都民に対して避難所での自分の役割を気づかせるページです。

最後は「生活再建に向けて」ということで、応急仮設住宅入居の手続きや仕事の再開、学校への復学などを順に説明しています。

その他の災害

その他、「東京防災」は大雨や土砂災害、大雪、火山噴火、テロ・武力攻撃、感染症など、各種災害についても発災直後の対応と避難について「自助」「共助」の解説をしています。例えば、大雨や集中豪雨の時は二階以上の頑丈な建物に避難することが必要ですが、ミサイル攻撃を受けた時は地下街などに避難することを推奨しています。

そして、「東京防災」の後半には「もしもマニュアル」と称して「緊急」「衛生」「生活」「連絡」についての知恵や工夫を紹介しています。例えば、心肺蘇生法や止血、やけどの応急手当などが図解で示されています。消火活動については、消火器だけでなく屋内消火栓や路上の消火栓、さらに可搬式消防ポンプの使い方まで紹介しています。一般市民がそこまでやるのかと思うかもしれませんが、大災害の時は消防車による消防活動が始まる前に都民自身が消火栓や可搬式消防ポンプを使う状況が生まれる、との認識です。

下水道代替

興味深いのは、下水道関係で断水時のトイレの使い方を図示していることです。水洗トイレの場合にはバケツ一杯の水で排泄物を流せますが、水を用意するのは大変です。水がない場合には水洗トイレにポリ袋をあてがい、中に細かく破いた新聞紙を重ねて排泄します。使用後はポリ袋の口を閉じて所定の場所に廃棄します。

「東京防災」の最後は資料編です。地震や大雨の基礎知識、過去の大災害事例、生活再建支援制度の手続き方法などがあります。また、災害時の英会話集、自分と家族の情報書き込みページや地震ハザードマップもあります。そして、最後の一〇ページには、有名な漫画家かわぐちかいじ氏の作品『ＴＯＫＹＯ Ｘ ＤＡＹ』を掲載して締めくくっています。

カラーユニバーサルデザイン

「東京防災」を手にしてみると、文字より挿絵や図解のほうが圧倒的に多いことに気がつきます。そして、全ページを黄色い背景と黒い文字や線の二色だけで表現していることに気づきます。これは日本の男性の五パーセントが程度の差はあっても色覚障害で赤と緑が識別しにくく、黄色と黒は見やすいという事実を配慮したカラーユニバーサルデザインです。もちろん、この配慮は健常者にも役立ちます。例えば、暗闇で使う場合や、けがをして苦痛の中で使う場合など、注意力が極端に落ちた時でも「東京防災」を読みやすくする配慮です。

情報発信のコスト

「東京防災」は小冊子で、家の本棚や会社の机の引き出しにしまっておいて、万一の時には取り出して使うということです。都庁のホームページから無料でダウンロードできますが、こちらの実用性は小さいです。大地震が発生した時はパソコンを立ち上げる暇はないでしょう。停電とネット寸断でスマホでのダウンロードもできません。利便性ではやはりリアルな紙の小冊子にはかないません。

東京都は、都民の自助、共助の能力を向上させるために、「東京防災」発行しました。その費用は二〇億四千万円でした。ポスティングで配布したのは全世帯三〇〇万件と全事業者六〇万件ですので、一件当たりのコストは約五七〇円です。「東京防災」の製造原価は一四〇円ですので、七五〇万部の製作費は一〇億五千万円になります。したがって、配布にかかった費用は九億九千万円ですので、三六〇万カ所に配ったとすると一件当たり二七五円になります。つまり、「東京防災」をリアルの小冊子で東京全域に配ると、配布にかかった費用は製作コストの倍ということになります。

下水道版「東京防災」

下水道事業にも自助・共助・公助の関係があります。しかし実態は、下水道使用料を払えば後は行政が処理してくれるという関係で、市民と下水道との間が分断されているのが現状ではないでしょうか。下水道事業は空気のようなものでよい、裏方に徹して市民に汚いところは見せないほうがよい、快適な生活を支えていればそれでよいという考えがあります。それは結果的に下水道事業を市民から遠ざけて全体のコストを大きくしています。リスクも拡大しています。自分の家の汚水マスは自分たちで掃除をする、というのは普通に考えれば当たり前のことです。下水道は市の管理だから汚水マスも自分たちで掃除する必要はないと考え、汚水マスが詰まると遠くの市役所から大きな車に乗って何人もの職員が家の前の汚水マスを掃除に来るという倒錯した事態に陥るのです。その結果、汚水マスの清掃に自分たちでやるよりも何倍もの費用をかけても当然だと思ってしまう現実があります。

考えてみれば、結局下水道に関する費用は、最終的には使用者である市民が負担をすることになるのですからおかしなことです。この関係は下水道だけでなく他の公共事業や防災活動にも通じることです。避難所では避難民も自助・共助という視点で受付や炊き出しを分担するのは当たり前ですが、下水道にとって示唆に富んでいます。避難民は、避難所を維持する仕事に参加することで元気を取り戻し、やりがいを感じることができるのです。

下水道は市民の財産である、ということを伝える方法として市民の自助・共助を導入する下水道版「東京防災」を考えていただきたいものです。

2.「下水道事業の継続」

大災害からの復旧はまず、自助共助から始まります。この段階ですべきこと、準備しておくべきことを下水道の目線でとらえます。もし、下水道が機能不全に陥って多数の市民に使用自粛を要請しなければならない場面に遭遇したらどうするでしょうか。また、広域停電で街がブラックアウトになった時、市民は下水道に何を期待するでしょうか、下水道から市民に何ができるかと考えた時、下水道の機能を越えた何かが見えてきます。

賢い事前防災とは　～災害対策の要点～

投資としての事前防災

「事前防災」という言葉は、災害が発生する前に対策を講じることで、平成二十八年（二〇一六）四月に施行された国土強靱化基本法で初めて使われました。

二〇〇五年にハリケーン・カトリーナが米国ニューオリンズ市を襲って大規模な高潮災害が発生しました。この時の被害額は一三五〇億ドル（約一五兆円）でした。当時、米国緊急事態管理庁のある関係者は「事前防災という観点で、あらかじめ二〇億ドル（約二千二百億円、被害額の一・五パーセント）をかけて堤防を補強しておけば、今回のような膨大な水害被害は生じなかった」と述べました。事前防災を投資とみると、被害額のわずか一・五パーセントで被害を防ぎ利益を手にすることができる、という意見です。これはいかにも、米国らしいアイディアでした。しかし、一・五パーセントとはいえ巨額な資金を投入して堤防を補強すれば、ニューオリンズ市は高潮災害から免れて利益が出る、という考えは本当でしょうか。

ニューオリンズ市ミシシッピー川護岸（2014 年）

資金面の課題

実は事前防災資金と被害額の関係は複雑です。

破堤した堤防を事前に補強してそこでの破堤を避けようとすると、河川水位が少し上昇して他の場所の堤防を破壊するかもしれません。だからといって、河川流域全ての堤防をかさ上げするには膨大な資金がかかります。堤防修復資金の性格についても、ハリケーン・カトリーナの例では、事前防災資金はニューオリンズ市またはルイジアナ州、連邦政府が負担する公的資金ですが、被害額は被災者各自が負担を強いられるものです。このため、事前防災資金によって守ることのできる資産価値と被害額との間にはある種の隔たりがあります。その上、先ほどの損傷した堤防を事前に補強しておけばよかったという考えは後出しジャンケンではないでしょうか。破堤箇所を治すのは可能ですが、事前に破堤場所を特定するのは至難の技です。さらに、次の高潮がいつ来るかという問題もあります。何十年も後になると堤防改築予算二〇億ドルの利子負担も問題になります。

複数災害への対応

今回の投資に当たる事前防災資金は高潮対策についてですが、守られるべき資産は高潮以外にも火災や竜巻、大停電、暴動など各種の分野もカバーしなくてはいけません。つまり、高潮対策で投入する事前防災資金は火災や竜巻で失われる資産に対しては役に立たないのです。結局、一三五〇億ドルの資産を守るには高潮対策資金以外にも竜巻や火災など他の災害対策資金も必要であるということです。その結果、必要となる事前防災資金合計は二〇億ドルの何倍にも膨らむはずです。さらに、地震と火災、台風と大停電など、複合災害になれば手の打ちようがありません。それでも投資対象にできるのかという疑問です。

以上の考察は、いつどこで、どのような形態で起こるか分からない巨大災害にハードの事前防災だけで対応することの難しさを表しています。

賢い事前防災

事前防災についていろいろと否定的なトーンで書きましたが、事前防災そのものを否定するものではありません。事前防災の考えは有効です。ただし、その特徴を正しく把握して上手に運用していただきたいということです。これは、予防保全と事後保全の関係に似ています。機器の寿命を推定して壊れる前に行う予防保全は知恵と経験が必要になります。全体的なコストを考えると、壊れてから治す、という事後保全も捨てがたいです。

おそらく、事前防災の要点は国土強靱化基本法第八条の基本方針にあるように、人命の保護です。もちろん、同法第九条にある費用の削減や効率化、民間資金の活用も大切ですが、投資対象としてはとらえにくいと考えています。例えば、日本の下水処理場の事前防災では管理棟の耐震補強や非常用発電機の整備を進めて人命保護を優先し、巨大災害時には水処理機能の性能は減じても仕方ないとするレジリエンス的な判断に立っています。東日本大震災では、普段から東北各地の下水処理場で津波に備えた避難訓練をしていた事実があります。これが幸いして、下水道関係者の大部分が管理棟屋上に避難し、大津波から逃げ切りました。この成功事例を忘れないことです。こちらはソフトの事前防災です。ハードとソフトを織り交ぜて災害に対応するということです。

下水道使用自粛要請 ～二万八千世帯と向き合う～

使用自粛

下水道事業の持続という点では、大規模災害時や大事故時を思い浮かべます。東日本大震災のような下水処理場が津波で破壊された場合には、河川敷や下水処理場敷地内に素掘りの沈殿池を仮設して急場をしのぎました。しかし、平時に突然下水道幹線が崩落して流下能力を失ってしまったらどうするでしょうか。枝線ならバイパス水路を仮設したり、マンホール間を仮設水中ポンプで移送する方法などが考えられますが、下水道幹線の場合は大規模な仮設が必要になります。そのような事故時には、下水道の使用自粛を要請するしかありません。

堺市

平成二十九年（二〇一七）一〇月二四日に、大阪府流域下水道施設である下水処理場敷地内において堺市が管理している公共下水道管（径一一〇〇ミリメートルコンクリート汚水管）が破損して道路陥没が発生しました。この結果、応急復旧が完成する一〇月三〇日午前〇時までの六日間、二万八〇〇〇世帯の市民に下水道使用自粛要請を求めざるを得ない事態となりました。流域下水道の下水処理場敷地内に堺市の公共下水道管があるのはいかにも不自然ですが、先に下水道管が布設してあった敷地に下水処理場を建設したようです。そのためか、下水処理場の汚泥処理施設返流水は公共下水道管に排水されていました。その汚泥処理施設返流水から高濃度硫化水素が発生して公共下水道管のコンクリート腐食が起こりました。あわせて、幹線水位上昇による内圧発生を原因として下水道管が破損し、崩落したのです。この事故の経過は堺市の事故検証委員会報告書に詳しく書かれています。ここでは事故後の自粛要請に注目してみました。

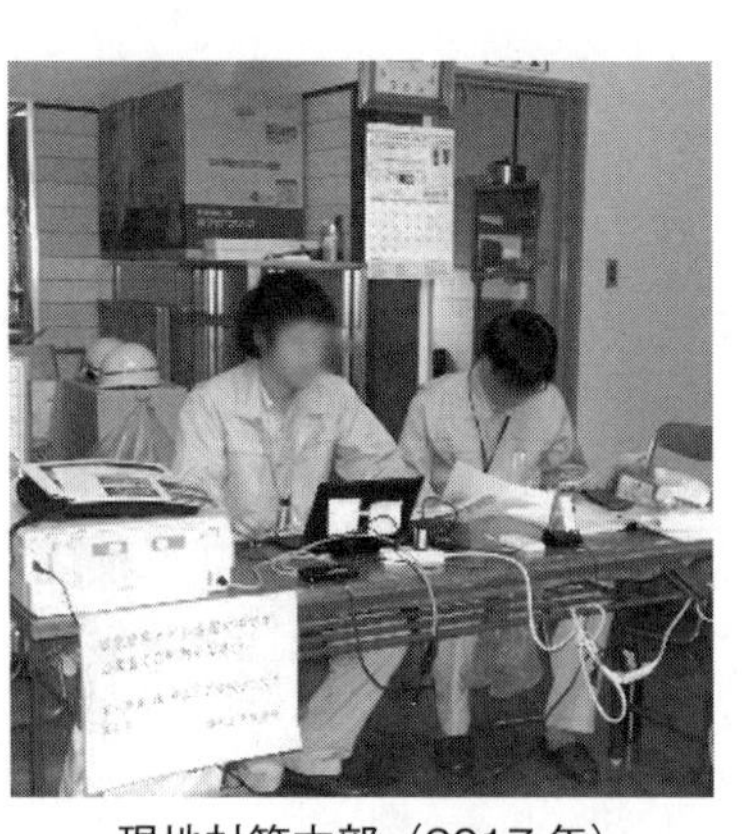

現地対策本部（2017 年）
（堺市上下水道局提供）

現地対策本部

自粛要請は東日本大震災時に東北各所の下水道事業者から出されたことがあります。この時は、例えば宮城県気仙沼市は「食器などはバケツでため洗いし、庭をお持ちの方は庭にまくなどご協力をお願いします」としていました。岩手県釜石市は「トイレはできるだけ避難所等に設置してある仮設トイレを使い、洗濯やお風呂はできるだけ回数を減らすようお願いします」というチラシをまきました。

堺市では、公共下水道管崩落の翌日の一〇月二五日に、いっ水被害があった該当区域に同種の自粛要請チラシをポスティングで配布しました。また、該当地域内の公園には住民用として仮設トイレを設置しました。特筆すべきは、堺市は該当地区に現地対策本部と避難所を設けたことです。そもそも、堺市の対策本部は上下水道局庁舎内に設置しましたが、できるだけ現場に近いところにも前線本部を設けて情報収集と実情確認、市民の不安解消を目指したものです。避難所は、水道、下水道の使用自粛で生活に支障が出たり不安を持ったりした場合の対応策と共に汚水いっ水などの最悪の事態に備えたものでした。

Bプラン

このように対策を二重、三重に張り巡らすのは危機管理の基本です。万一、防御の最前線が破られた時に全軍総崩れが起きてはまずいので、本来対応すべきAプランの他に、次善のBプラン、背水の陣のCプランと、大きく構えて複数のプランを用意しておくのが常套手段です。大事故や大災害時には大混乱になるのでBプランやCプランまでには手が回らないものですが、事業が破綻しないために次の手段、次の戦術を用意しておくことは大切なことです。

職員総動員

もう一つの要点は、職員総動員です。事故発生直後に市内該当地区で汚水いっ水という最悪の事態に陥りました。その後一〇月三〇日に仮設バイパスポンプによる応急復旧が完成した以降も、仮設ポンプの閉塞や雨水流入などで常に汚水いっ水の可能性がありました。そこで、汚水いっ水を未然に防ぐための対応として、下水道部七部所の職員による二四時間バイパスポンプ・マンホール水位観測チームが編成され、人海作戦で現場監視を続けました。この業務は、途中で一部を業者委託にきりかえました。一二月一八日からはｗｅｂでの監視が可能となり、職員の負担は次第に軽減されました。それにしても、通常の業務をこなしながら、職員自身によるバイパスポンプ・マンホールの二四時間水位観測は大変な苦労であったと推察できます。当時は下水道事故が起きて市民に下水道の使用自粛要請をした以上、職員はかなりの覚悟で取り組まなければいけませんでした。そのためには全ての職員との情報共有、モチベーションの確保も大切でした。もちろん、事故を未然に防ぐことができればよいのですが、そういかない時のことも考えておかなければいけません。つまり、突然下水道管崩壊、道路陥没という想定外の事故が起こって市民に下水道自粛要請という迷惑をかけてしまったわけですが、それでも、何とかしのぐ、いつかは解決するという強い意志と希望を失わず、周到な準備、関係者への手厚い配慮を重ねることが必要になるのです。

事故検証委員会報告書

堺市の今回の事故のてん末をまとめた事故検証委員会報告書の最後には、「この報告書は下水道事業の知見として公表し、広く情報発信していく」と書かれています。事故は起こってしまったらもとに戻すわけにはいかないのですから、仕方がありません。それよりも困難な事故をかたずけて、その苦労や失敗、教訓を記録・公表して今後の下水道事業継続に役立てる、という新たな目標を掲げることが、堺市自身にも、他の都市の下水道事業にも大いに意義のあるものでした。

事業継続地区 ～下水処理場の新たな役割～

六本木ヒルズ

ＢＣＰ、事業継続計画はよく耳にしますが、「事業継続地区」は初めて聞く言葉です。これは『インフラ・イノベーション』（藤井聡、育鵬社、二〇一九年、一一一頁）に出てきますが、同書では「巨大地震に襲われてもビジネスを継続し続けることが可能な地区」と定義しています。そしてこの本では、事業継続地区の事例として、写真の東京都港区にある六本木ヒルズを挙げています。ここは、巨大地震で東京全域がブラックアウトになっても堅固な建物の中に発電設備を備えているので停電になることはありません。その上、東京に巨大地震が発生して物

六本木ヒルズ（2019 年）

流が遮断されると発電設備の燃料手配が極めて困難になりますが、六本木ヒルズには地震に強い都市ガス中圧ガス導管が引きこまれているので、ほぼ燃料手配の心配もありません。中圧ガス導管はきわめて強固かつ柔軟に作られていて地中にあるので、日本のこれまでの大地震で一度も損傷することがありませんでした。

都市ガス利用

あまり知られていませんが、六本木ヒルズの発電設備は常用に五七五〇キロワット／時が五台、予備に四〇〇〇キロワット／時が三台設置してあり、周辺地区にも常時電力と熱を供給する電熱供給事業を営んでいます。災害時には最初の三日間は貯蔵している灯油で発電し、それ以後は都市ガスを燃料として発電することになっていて、万一都市ガス供給に支障があっても耐えられるようになっています。その結果、六本木ヒルズとその周辺地域に安定して配電できるようになっています。したがって、東京がブラックアウトになっても、六本木ヒルズとその周辺地区だけはこうこうと照明がつき、事業が継続できます。このように六本木ヒルズ地域を都市再開発する際に、東京直下型地震や東南海地震が発生しても、周辺地区も含めてブラックアウト対策を用意してあるので、比較的高価な床賃料にもかかわらず、リスクに敏感な外国企業も安心して入居していています。さらに周辺地域へも安心を提供しているのです。これが事業継続地区です。

下水処理場の場合

一般的に下水処理場には非常用発電設備が設置してありますが、東京の水再生センターの何カ所かは六本木ヒルズと同じく軽油と都市ガスの両方が使用できるデュアルフューエル発電機が設置してあり、中圧ガス導管から燃料を引き込んでいます。規模も六本木ヒルズと同等のガスタービン発電機です。したがって、水再生センターには六本木ヒルズと同等の大規模停電対策が施されているといってもよいでしょう。しかし、残念ながら周辺地区に配電する仕組みはありません。配電できない理由は、第一に、六本木ヒルズは常用発電設備で平時から電気事業を営んでいるのに対して、下水道は自家用の非常用発電設備であることです。非常用の場合は当然周辺地域に配電できません。第二の理由は発電コストです。下水道の非常用発電機は、大きいとはいっても電力会社の発電機よりははるかに小さくてランニングコストは高コストですから、常用発電には向きません。同規模の発電機を擁する六本木ヒルズは、電熱併給発電で温熱も供給してコストを下げています。

災害時電力

そこで提案ですが、災害時に限定して下水処理場が周辺地区に非常用電力を供給できるようにすることはできないでしょうか。中圧ガス導管と巨大な発電設備、二四時間稼働という下水処理場の特徴と都心に位置しているという地の利を生かして周辺地区の強靭化に貢献できないでしょうか。下水処理場から周辺地区へは下水道管内に水中電力ケーブルを敷設して送電するというアイディアもあります。この場合は下水道管路も強化しなければいけませんが、これは下水道の本務です。下水処理場は迷惑施設といわれて久しいですが、下水処理場が基点となって事業継続地区を形成し、周辺地区に恩恵がいきわたり、不動産価値が向上すれば痛快です。

実現に向けて、越えなければならないハードルは多々ありますが、地域と共に発展しようとする六本木ヒルズの戦略に学びたいものです。

非常用発電設備 ～ブラックアウトに備える～

緊急対策

下水処理場の非常用発電設備は追い風です。平成三十年（二〇一八）九月に発生した北海道胆振東部地震では北海道全域規模で長期間の停電、いわゆるブラックアウトが発生し、下水道の非常用発電設備の重要性が再認識されました。そこで、政府は重要インフラの緊急点検を実施しましたが、当時下水処理場約五〇〇カ所、ポンプ場約六〇〇カ所で非常用発電設備を設置していないことが判明しました。そのため、同一二月には「防災・減災国土強靭化のための三か年緊急対策」を閣議決定し、下水道については、「全国の下水道施設の電力供給停止時の操作確保等に関する緊急対策」として人口集中地区などの下水処理場、ポンプ場約二〇〇カ所に対して非常用発電設備を設置・増強するために、三年間で約三五〇億円の事業規模を見込みました。この他、ソフト対策として約九〇〇カ所の下水処理場、ポンプ場に対して事業継続計画に基づく災害時燃料供給体制の確保を掲げています。北海道でブラックアウトが発生してからわずか三カ月の短期間で全国規模の緊急対策を発表したのは大いに評価できます。ぜひ、強力に推進してほしいものです。

非常用発電設備

著者は環境システム計測制御学会の立場で、東日本大震災の下水道非常用発電設備被害について、宮城県の四カ所の下水処理場を調査しました。当時の*報告書を読み返してみると、非常用発電設備を設置し、運用するにあたっていくつかの留意すべき点がありました。（*『東日本大震災調査研究報告書』環境システム計測制御学会、二〇一二年）これに関連して今回の緊急対策で配慮してほしい点、すでに非常用発電設備を設置してある施設では改善課題として検討していただきたい点を述べます。

地震被害

東日本大震災では最初に地震が発生し、しばらくしてから沿岸に大津波が襲来しました。地震発生段階では仙台市の南蒲生浄化センターと宮城県の仙塩浄化センターの非常用発電設備が被災しました。南蒲生浄化センターでは地震動によって冷却配管が破損し、さらに制御電源が喪失してディーゼルエンジンが一台破損しました。仙塩浄化センターでは給油配管が詰まり、起動できませんでした。しかし、両浄化センターとも非常用発電機は二台装備していて、その内の予備機は地震に伴う停電発生で正常に起動し、電力を供給することができました。宮城県の県南浄化センター、宮城県の石巻東部浄化センターでは地震動による被害はなく、非常用発電設備は正常に起動し、機能を発揮しました。

奇跡の機器搬入扉

大津波襲来時には、南蒲生浄化センターの非常用発電機棟は地表から四メートル近くの津波に襲われましたが、奇跡的に棟内にある二台のディーゼルエンジン発電機本体は浸水を免れました。その鍵は、機器搬入扉の設置位置と構造にありました。津波にさらされた機器搬入扉は津波浸入方向と平行の向きに設置されていて、外開き構造の鋼製扉でした。この設置方向が幸いして、津波とともに押し寄せたがれきや松の木の幹が機器搬入扉を直撃することはなかったようです。さらに外開き構造の鋼製扉は、津波の静圧を受けてますます扉を閉める方向に力が働き、密閉性を強めたと推察されました。この外開き、鋼製、設置方向の三つの理由で機器搬入扉が津波に耐え、棟内は五〇センチメートル程度の微々たる浸水で済みました。この結果、ディーゼルエンジン発電機本体は浸水を免れたのです。仙塩浄化センターと石巻東部浄化センターのガスタービン発電機はあらかじめ津波を予測して地表高く設置してあったので浸水を免れることができました。しかし、両浄化センターとも地表近くに設置してあった燃料移送ポンプが浸水して損傷し、結果的に発電機能を失ってしまいました。県南浄化センターは機器搬入扉が海に面して設置してあったので津波とがれきが機器搬入扉を直撃して破壊し、ディーゼルエンジン発電機は水没してしまいました。

津波浸入経路

調査の中で、完璧な防水扉でなくても四メートルもの大津波を減災できることが確認できました。そのためには、大津波の直撃を避けるために扉が海の方向を向いてなく、津波浸入経路と平行になることが大切です。一方、海と逆の陸地方向の壁に機器搬入扉を設置するのも好ましくありません。なぜなら、陸地方向に機器搬入扉を設置すると、津波は引き波の時に寄せ波と同じくらい強い力で陸から海を目指して押し寄せるからです。この時の津波は、当然木造家屋や自動車などをかかえ込んでいますので、場合よっては寄せ波以上の衝撃力を機器搬入扉に与える可能性があります。

また、ディーゼルエンジン発電機室に限りませんが、津波にさらされる可能性のある建物には、出入口扉、ケーブルダクトやパイプシャフト、換気扇口など、外部に通じる開口部がないことが必須になります。

小配管類と補機

冷却水や燃料などの小配管類の耐震強度を確認して強化することが必要です。小配管類の耐震強度はあまり重視されないことが多いようですが、ここここそ注意すべきです。本体に接続する逆止弁や緊急遮断弁がある場合には、本体と同じ基礎か、同等の強度を持った基礎に取り付けます。やむを得ずフレキシブルパイプを使う場合は、十分な余裕を取らなければいけません。異なる基礎にまたがるように小配管類を取り付けると、地震時に不等沈下で簡単に切断してしまいます。このように、非常用発電設備本体が健全でも冷却水や燃料の小配管が地震や津波で破損すると発電機能は喪失してしまいます。

非常用発電設備には配管類以外にも燃料移送ポンプや油槽、燃料小出し槽、油面計、始動用空気コンプレッサー、現場盤などの補機類があります。これらが地震時に破損せず、津波や洪水時に水没しない配慮が必要になります。本体や配管類は健全でも補機が破損すると発電機能を喪失します。

燃料の共通化

下水処理場で使われている燃料は、非常用発電設備の他に汚泥焼却炉補助燃料、汚泥消化槽加温燃料、エンジン掛揚水ポンプ燃料、建物暖房用燃料などがあります。これらの燃料は可能な範囲で種類を統一しておくことが望ましいです。東日本大震災では、非常用発電設備用燃料として残っていた重油を回収して構外の中継ポンプ場揚水ポンプディーゼルエンジンに流用した事例がありました。米軍は地上車両にもジェット燃料を使用しています。また、ガスタービンエンジンとディーゼルエンジンの燃料を共通化したり、都市ガスと軽油の両方が使えるデュアルフューエル型ガスタービン発電機にするなど、燃料の共通化が大切です。

保守点検員の安全

東日本大震災では地震後の停電で各処理場とも非常用発電設備が自動起動しましたが、起動後に発電設備から末端負荷に送電するには各負荷が健全であることの目視確認が必要になります。もし、地震で破損している負荷に非常用発電設備電力を送電すると、保護装置が働いて非常用発電機設備が緊急停止してしまいます。福島第一原発では、地震直後に末端負荷の健全確認のために点検員を現場に向かわせたところ、地下室に向かった点検員二名が津波に巻き込まれて*死亡してしまいました。（＊『死の淵を見た男』門田隆将、ＰＨＰ研究所、二〇一二年、四六頁）下水処理場ではこのような人的被害はありませんでしたが、ある下水処理場では同じ状況で維持管理会社社員が津波に巻き込まれ危機一髪で水浸しになって帰還した事例がありました。この反省から、津波が予想される場合の現地目視確認点検は行なわないようにマニュアルを訂正することが必要になりました。

最後の砦

非常用発電設備は下水処理場の最後の砦です。南海トラフ地震や東海地震時には広域的な大停電が長期間発生する可能性が高いです。それに対処するには周到な準備と臨機応変な応用力が必要です。現在、全国各地の下水処理場に大型の非常用発電機が設置されていますが、これに加えて中央監視室用に小型の非常用発電機を別途設置することを推奨します。東日本大震災の経験では、結局津波で非常用発電機も機能を喪失してしまいました。この時、最低限の中央監視室機能を確保するために小さな発電機を管理棟屋上に設置しておくことが必要でした。

安全と安心の意味 ～行政の本質～

文部科学省懇談会

行政の本質を考えてみると、最後は市民の安全と安心を確保することに行き着きます。下水道に関しては通常のサービスを提供するのはもちろんですが、陥没事故や水質汚染事故があってはいけません。市民から見れば何の懸念もなく安心して下水道が使えなくてはいけません。この安全と安心について、文部科学省は平成六年（二〇〇四）に「安全・安心な社会構築に資する科学技術政策に関する懇談会」で詳しく分析しています。同報告書によると、「安全とは、人とその共同体への損傷、ならびに人、組織、公共の所有物に損害のないと客観的に判断されること」と定義しています。一方、安心は「個人の主観的な判断に大きく依存するもの」「人が知識、経験を通じて予測している状況と大きく異なる状況にならないと信じていること。」としています。つまり、安全は工学的なもので客観性がありますが、安心は心の問題で主観的なもので、安全を確保した上で信頼を築くことにより安心が生まれるというものです。この安心の扱いが難しいのです。

安心の特殊性

どんなに安全が満たされていても安心が得られなければ行政は一歩も進みません。法律や規則を守り、万一の場合に備えてバックアップのBプラン、Cプランを用意して周到に準備しても、地元の反対運動で下水道工事がストップしてしまうことはよくあります。この場合、公共工事だから市民は多少の苦痛は受忍すべきだ、と法律論をかざすとますます話はこじれます。その理由は、反対運動の相手は工事が安全かどうか、騒音や交通障害が受忍の限度を越えているかどうかを訴えているのではなく、安心でないことを問題視していることが多いからです。時には工事には関係なく、他の行政施策に不満があって腹の虫が収まらず、その当てつけを下水道工事にぶつけているのかもしれません。もしかすると、着工前の地元説明会の時に説明がうまくなくて質問しても不誠実に対応された、と受け取っているのかもしれません。このように安心は市民の心のレベルの問題ですから、安全が満たされたから自動的に安心できると考えてはいけません。むしろ行政サイドとしては安全と安心は別物と割り切ったほうがよいでしょう。安全を守るのは公共工事では当然のことで、安全を確保したうえで、市民の安心、つまり行政に対する信頼を築かなければいけないということです。

生活の専門家

市民に下水道工事を説明する時、地方公共団体技術者は誠心誠意、工事の技術的特徴、安全性、環境への配慮などを正確に伝えます。これは、半分正解です。行政への信頼は安全性や合法性、環境対策に裏付けられるものですから、正しい説明です。しかし、半分は誤りです。市民の中に下水道技術をよく知っている専門家がいることもありますが、大半の市民は下水道の知識を持ち合わせていない場合がほとんどです。したがって、説明がよく伝わらないことを前提に説明すべきです。つまり、下水道工事を平易に説明する必要があります。その際、市民にとって身近な生活上の事例に例えるとか専門用語を使わない努力が必要です。また、職員が一方的に話すのではなく、市民が言いたいことをじっくりと傾聴するという姿勢も大切です。ここで注意すべきは、市民は下水道の専門家ではないからといって子ども扱いしてはいけないということです。市民は下水道の専門家ではありませんが、生活の専門家ですから市民をリスペクトするという気持ちが大切です。相手をリスペクトしてこそこちらも信頼される、ということです。市民から見れば、担当の職員は、数年で異動してしまうので地域の素人、生活の素人と見なされることもあります。職員が市民から最初に投げかけられる言葉は、「どうせあなたは数年で異動してしまうのでしょう。」というものです。その時は、「私はここに骨をうずめるつもりで働いています。」と言い切らなくてはいけません。「あなたでは不十分だ。課長を連れてこい。市長を連れてこい。」と言われることもあります。その時は、「私は市を代表してここに来ています。私の言葉は市長の言葉です。」と言い切ります。このような場面では、著者の経験では場数を踏んだベテラン職員が力を発揮します。彼らは辛抱強く市民の苦情に耳を傾け、場違いな非難でも真摯に受け止めることができます。忍耐強く対応し、結論を急ぎません。しかし、一線を越える人格否定の発言には毅然として反論します。このようなメリハリをつけた対応が、結局は市民の信頼を得られるのです。そして市民の信頼を獲得すると、頃合を見計らって、工事の必要性をしっかりと伝えます。

二つの注意点

安全と安心については二つの注意点があります。一つは完全な安全はないということです。どんなに技術が進んでも、どんなに資金を投入しても一〇〇パーセントの安全は実現できません。しかし、完全な安全が保障されなければ危険である、という白か黒かの考え方は間違っています。不完全な部分をできるだけ小さくすることと、不完全な部分を受け入れることが工学です。この点について前掲の懇談会報告書では、「世の中に起こりうるすべての出来事を人間が想定することは不可能であり、安全が想定外の出来事により脅かされる可能性は常に残されている。そこで、リスクを社会が受容可能なレベルまで極小化している状態を安全であるとする。同時に、社会とのコミュニケーションを継続的に行う努力をすることにより、情勢に応じて変動しうる社会のリスク受容レベルに対応する必要がある」としています。安易に一〇〇パーセント安全と言い切ってその場を繕うのは、最もしてはいけないことです。

もう一つの注意点は、安全の裏付けのない安心についてです。市民が必要以上に安心と信じ切ってしまう関係は、時には大きな誤解を生むことがあります。安全が損なわれて危機が近くまで迫っているのに、危機を危機ととらえないことほど恐ろしいことはありません。安全の裏付けのない安心は、下水道の知識や経験に対する無関心や無知で起こることがあります。下水道への無関心は、ある意味で安全の過信となりかねない危うさがあるのです。下水道がいつも安全を損なうことばかりしていると決めつけられるのは困りますが、いつも完璧な工事や運営管理をしていて何の心配もない、リスクはゼロだと信じ込まれてしまうことも問題なのです。リスクを受け入れた安心が本来あるべき姿なのです。市民が正しく安心できることは下水道に限らず、行政の本質なのです。

3.「災害事例」

東日本大震災の教訓を真摯に受け止め、継承していかなければいけません。それは「想定しないことが起きた」ということでした。世界に目をやると、地震や津波で想定を越える被害が起きています。ポルトガルのリスボンでは高さ三〇メートルを超える津波の記録がありました。台湾の台南市では、地震で一六階建てのビルが倒壊して道路に埋設してあった配水管を破損させ、大規模な断水が発生しました。

リスボン大地震 ～ヨーロッパの大津波～

プレート・テクトニクス

大地震は、プレート・テクトニクス理論によって地球の表面を覆っている一五個の岩盤がお互いに動くことで圧縮力や引っ張り力のエネルギーが蓄積され、そのエネルギーが解放される時に発生するとされています。東日本大震災は、北米プレートの下に太平洋プレートがすべり込むことにより発生しました。このような大地震は日本を初め、太平洋に面するアジア各国、米国西海岸、メキシコ、チリ、ペルーなどで起きています。ヨーロッパでもイタリア、ギリシア、トルコなどでプレート移動による地震が発生しています。地震が海洋で起こると、大津波になることがあります。東日本大震災では一五メートルを上回る大津波が東北各地を襲い、大きな被害をもたらしました。ヨーロッパでも地震による津波被害は発生しており、最も大きい津波被害はポルトガルのリスボン地震（一七五五年）でした。

リスボン地震

リスボン地震は東日本大震災と同じ規模の海溝型の大地震でした。この時は、最初に地震

リスボン地震石版画（2017 年、リスボン市博物館）

があり、次に市内各所で火災が発生し、地震から約四〇分後に大津波が市内を襲いました。津波の波高は一五メートルに達して三回にわたり襲来したそうです。地震の規模といい、地震から津波襲来までの時間といい、津波の波高といい、驚くほど東日本大震災と似ていました。この結果、リスボンでは八五パーセントの建物が壊れ、人口の三分の一に当たる約九万人の市民が亡くなりました。震源に近いポルトガル南部のサグレスの町では三〇メートルの津波が襲った、との記録が残っています。

リスボン市博物館の石版画

平成二十九年（二〇一七）九月にリスボン市博物館を訪問し、写真のようなリスボン地震大津波の貴重な石版画を多数見る機会がありました。この石版画では、建物の壁が崩れて燃え上がる炎と、逃げ惑う市民、津波で波に呑み込まれていく船がリアルに描かれています。当時は写真が出始めの時代でしたが、鳥瞰図的に地震や津波の被害を表現しようとすると、むしろ石版画のほうが、現実感があると強く感じました。このような被災を記録した石版画が博物館の何室にもわたって多数展示されていました。悲惨な石版画が次々と続く中で、印象的だったのは、リスボン地震で倒壊を免れたアグアス・リブレス水道橋の石版画でした。この水道橋はリスボン地震のわずか七年前に完成した、高さ六五メートル、長さ一九キロメートルの巨大な石積みアーチ橋です。現在でもリスボン市を訪れると必ず目にする巨大建造物ですが、これがリスボン地震で崩壊しなかったとは驚きでした。この水道橋は、当時のすぐれた土木技術の結果、地震に耐え、一九六七年まで使い続けることができました。そして、現在ではナショナル・モニュメントに指定され、水道橋の一部がリスボン市の水道を請け負っている水会社ＥＰＡＬが運営する水博物館となっています。

カルモ修道院

リスボン市博物館の石版画で、もう一つ目を引いたのはカルモ修道院の絵でした。こちらは、一四二三年に建設されたゴシック様式の石積みの中層建築物でした。現在もリスボン市中心部の丘の上に震災遺構として外壁だけを残して崩れ落ちたままの姿をとどめています。その一部は建築博物館として公開していますので、内部に入って被災当時の状況を見ることができました。

リスボン地震では、高さ六五メートルの巨大な石積み水道橋が残って、ゴシック様式のカルモ修道院の石積み屋根は倒壊していました。建設年の違いはありますが、地震動という面から考えてみると、当時の地震の振動周期は比較的短く、小刻みに揺れていたものと考えられます。その結果、構造的に中層で固有周期の短い修道院は崩壊し、固有周期の長い水道橋は大きく揺れたものの倒壊には至らなかったと推察できます。

日本でも、阪神大震災は直下型でしたが短い周期で激しく揺れて、木造住宅などの中低層階建物が大規模に倒壊しました。それに対して東日本大震災では、震度は七でしたが地震動の振動周期は阪神大震災の時に比べてやや長く、結果として建築物の被害は少なくてすみました。

創造的復興

（公財）ひょうご震災記念二十一世紀研究所は、平成二十七年（二〇一五）三月に「リスボン地震とその文明史的意義の考察」の論文を発表しました。これは同研究所が現地に行って調査してきたものの報告書ですが、この中で、「リスボン地震では国力が衰退するような甚大な被害をこうむったが、その復興段階で指導者の強いリーダーシップのもとに広い大通りや碁盤の目の都市計画などが実施されて災害に強い街づくりが実現した」との主旨の記述がありました。これを同書では「創造的復興」と呼んでいました。「創造的復興」とは阪神大震災の時に当時の兵庫県知事貝原俊民氏が使った言葉ですが、後に東日本大震災や熊本地震でも用いられています。これはまさに、関東大震災で壊滅した東京を、近代化のチャンスととらえて後藤新平が提唱した壮大な復興計画と重ねてみて、記憶に残る言葉でした。

当時のリスボン市はまだ下水道は普及していませんでしたが、この論文によると震災を契機に「建物から直接地下のとう道に汚水を排水するシステム」を計画したそうです。まさに創造的復興の下の下水道計画の始まりでしたが、残念なことに「実際には排水管にごみが詰まるなどの問題が発生して普及しなかった」そうです。

三〇メートルの巨大波

平成二十九年（二〇一七）一月にポルトガルの中部沿岸にあるナザレという小さな観光の町を訪問した時のことでした。そこで宿泊したホテルのエレベーターに乗って驚きました。エレベーターの中に、写真のような巨大波を警告するポルトガル海軍のポスターが掲示してあったのです。ポルトガルでは、巨大波の数値解析は海軍水路研究所が担当しています。そしてポスターでは次の①から④の理由で三〇メートルを超える巨大波がナザレの海岸で発生していることが記されていました。

①ナザレの海岸は海溝が近くまで迫っているので波が大陸棚に到達するとエネルギーが水面に集中し波高が急に高くなること、

②海岸に近づくと水深が浅くなるので波の波長は短くなり、波高がさらに高くなること、

③海溝から直接ナザレの海岸を目指す波と北方の半島で反射して大陸棚を伝わって到達する波の干渉が発生して二つの波が交差する地点で波高がさらに増加すること、

④ナザレの海岸の北にある岬付近に漂砂による砂溜まりがあり、そこで波が屈折して北方からくる波を押しとどめ、②の効果を増大して波高を一層増加させること、

実は、ここナザレはサーフィンのビッグウェイブポイントとして世界有数の海岸です。二〇二〇年十月末にはハリケーン・イプシロンが大西洋に居座ってナザレの海岸では最大級の巨大波が発生し、命がけのサーファーがそれに挑んでニュースになりました。

波高三〇メートルの巨大波は、日本の南海トラフ巨大地震の津波予想波高三四メートルとほぼ同じ規模です。ビルなら一〇階建に相当する高さなので、その破壊エネルギーは計り知れません。もしここに海溝型地震による大津波が襲来すると、巨大波と同じメカニズムでさらに巨大な大津波が発生して、ナザレの街は大きな被害を受けることになるでしょう。このような深刻な情報がホテルのエレベーターにさりげなく張り出してあったのには驚きまし

た。そして、これが一種のハザードマップの意味があるのだろうと考えたらゾッとしました。

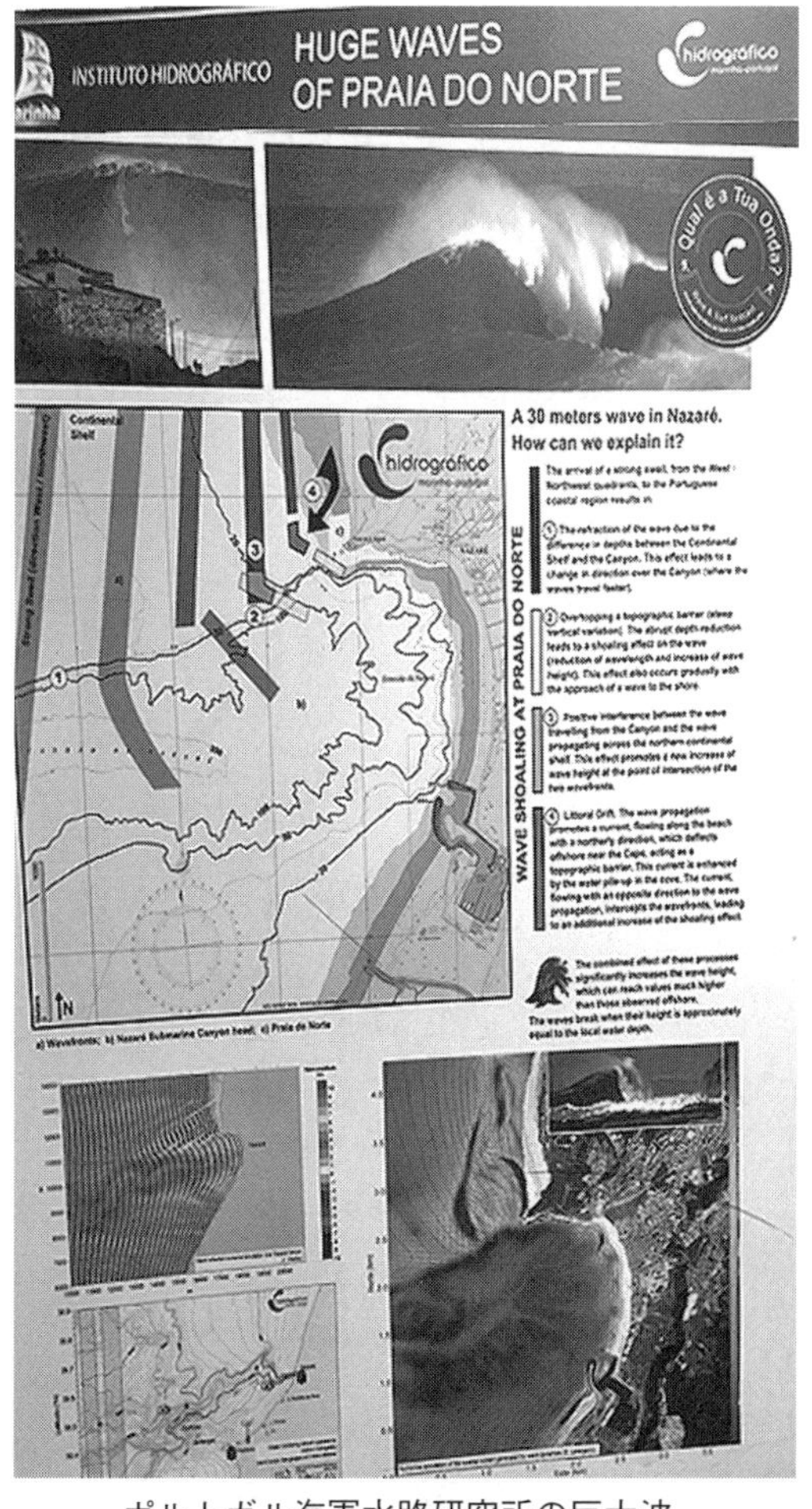

ポルトガル海軍水路研究所の巨大波
数値解析ポスター（2017 年）

知られざる台南地震 ～繰り返される想定外～

台南地震の不思議

二〇一六年二月六日に台湾でマグニチュード六・四、震度七級（台湾基準、日本の震度七相当、日本の震度五の説もあり。）の台南地震が発生し、一一七名が亡くなりました。地震直後のニュースによると、死亡者のうち一一五名は台南市内に二一年前に建設された一六階建て高層集合住宅ビル維冠大樓（以下倒壊ビル、）の倒壊によるもので、その倒壊ビルは柱に石油缶が埋め込まれているような強度不足の欠陥ビルであった、とのことでした。地震によって破損したビルは九棟、傾いた建物は五棟でした。地震直後に現地を訪ねた女優で作家の一青妙（ひととたえ）氏はブログで、倒壊ビル周辺の建物はほとんど被害を受けていない、と伝えてきました。

このニュースとブログを知って、なぜ大地震だったのに倒壊ビルだけしか被害を受けなかったのだろうか、という素朴な疑問が生じました。台南市は人口二〇〇万人近い大都市です。ここで震度七相当の大地震が発生したのですから、阪神大震災のように多数の倒壊家屋が発生してもおかしくないはずです。そこで、地震から三九日後の三月一六日に台南市の現地に行ってみました。

台湾新幹線

台北市にホテルを取り、そこから台湾新幹線で高鐵（新幹線）台南駅まで行きました。さらに在来線に乗り換えて台湾国鉄の台南駅に向かいました。台湾新幹線は、一度は乗ってみたいと思っていましたが、このようなかたちで乗車するとは思ってもいませんでした。台湾新幹線の線路と駅舎はフランス製、新幹線車体は日本製という構成でしたが、日本で旅をしているようで、台北駅から高鐵台南駅までは九〇分ほどの快適な乗車でした。

台湾国鉄台南駅は日本の地方都市の県庁所在地の駅という感じで、どこか風格のある立派な駅舎でした。ここから倒壊ビルの現地まではタクシーです。駅前のタクシー乗り場で日本語の話せるドライバーを探したのですがあいにく見つからず、筆記の漢字と身振り手振りで何とか倒壊現場まで案内してもらうことにしました。倒壊現場は台南駅から車でわずか二〇分くらいの距離でした。タクシーの中から街を観察すると、先ほどの一青妙氏のブログのとおり、途中の街の光景はどこにも地震の痕跡は見当たりませんでした。倒壊家屋はおろか、石塀の転倒や電柱の傾きなど、一切目にすることはできず、平穏なまちの風景だけでした。現地に着くと、タクシーの運転手から身振り手振りで「ここが被災地です。」と示されました。

更地になった台湾台南市の被災ビル倒壊跡（2016年）。
16階建ビルは写真右の幹線道路側へ倒壊

倒壊ビル跡

倒壊ビルは片側三車線の広い幹線道路に面していました。しかし、どこにも他に倒壊したビルは見当たりません。倒壊現場とおぼしき場所は三メートル位の高い工事用フェンスで囲まれていて、中は見えません。しかし、少し横道に入りこむとフェンスがなくなり写真のような倒壊現場が全部見える場所がありました。そこは、地震後わずか三九日しか経っていないのに、きれいに整地されて更地になっていて、ビル倒壊の形跡はどこにもありませんでした。更地では端のほうでボーリングマシンが一基だけ地質調査をしていました。被災ビル跡地周辺の建物は平屋や二階建てがほとんどで結構過密な状態だったので、更地だけが場違いでシュールな光景でした。よく見ると、周辺の建物の土台にわずかなひびがある程度で、ここでも大地震の痕跡を見つけることはできませんでした。

台湾台南市の倒壊ビル跡地横断幕（2016 年）

予想外の更地

被災してからわずか三九日で現地の膨大ながれきが撤去されて更地に整地されていたことは驚きでした。工事用フェンスの幹線道路側には、写真のように「二〇六台南大地震受難者顕密連合超渡祈福大法」と書かれた黄色い横断幕が残っていて、その横断幕に記されていた日付からすると地震から一カ月後の三月五日には現地で慰霊祭が行われたことが確認できました。横断幕はその時に使用されたもののようでした。惨事の現場は一刻も早く片付けたいという気持ちはよく理解できます。しかし、もし欠陥ビルであるとすれば惨事を二度と繰り返さない決意を込めてしっかりと調査をしておきたいところです。地震による高層ビル倒壊という想定外の災害に対して、被災ビルの倒壊プロセスの再現や耐震構造の見直しなど、この災害から学ぶことができる教訓は山積ですが、きちんと調査をしたのかどうか、少し心配になりました。

長周期地震動説

地震から二カ月後に、台湾の検察当局は今回の事件は倒壊ビルの鉄筋量が少ない手抜き工事が原因であったとして建設業者元社長を起訴しました。しかし、この地区の倒壊ビル周辺は全て中低層階ビルで、ほとんどが平屋か二階建てでした。もし、検察当局の指摘どおり手抜き工事が原因ならばこの低層階ビルにも欠陥があったと見るのが自然です。一般的に低層階ビルのほうが規制は緩く、建設コストもかけられないはずですから強度も落ちるはずです。しかし、周辺の低層階ビルの被害はどこにも見当たりませんでした。したがって、現地を見た印象としては、ビル倒壊の原因は、鉄筋量の少ない欠陥ビルだけでなく、一六階建ての建物にだけ共振するような長周期地震動が発生して高層の被災ビルだけが大きく揺動して折れるように倒壊し、多数の死者を出すような壊滅的な被害をこうむった稀な災害、と受け止めました。

もし、この推測が正しければ、悲劇が二度と起こらないように慎重な現場検証と分析、そして対策の提案がされなければなりません。例えば、阪神大震災では倒壊するはずのない阪神高速道路のキノコ型橋脚が倒壊しました。この時技術陣は深刻な衝撃を受けて徹底した現場調査を行い、一年後には詳細な事故解析の報告書を発表しました。その結果は、全国の高速道路の耐震強化に大いに役立ちました。台湾南部地震でも、ぜひ、倒壊ビルの解析を進めていただきたいものです。

地下埋設物被害

一六階建ての倒壊ビルは幹線道路とその向かい側にあった低層階住宅を押しつぶしました。その時、倒壊ビルのがれきは地表から道路舗装面を突き破って地下三メートルも食い込んだそうです。その幹線道路には「*直径二〇〇〇ミリメートルのコンクリート製送水管が埋設されていて、それが破壊した」そうです。（*金沢大 宮島昌克教授談、水道産業新聞平成二十八年三月三十一日号）その結果、大量出水が生じ、水道当局はがれきに挟まれて救助を待っている被災者が水没するのを避けるために、送水を停止しました。すると、台南市内では大規模な断水が生じました。そこで水道当局は、断水事故に対処するため、急きょ地表に仮設配管を敷設して急場をしのいだそうです。幹線道路の排水施設（下水道管）も破壊されました。著者が訪問した当日には、幹線道路は片側二車線まで仮復旧して供用開始していました。著者は、その復旧道路を通って現場に来ていたのです。復旧道路は未完成で、雨水排水用の道路側溝工事の最中でした。

このように、地震によって高層ビルが倒壊し、そのエネルギーで地下埋設物が大破するという事態はまったく想定外の事故でした。もし、このようなことが東京や大阪で生じたら送水管だけでなく、通信ケーブルや電力ケーブルも破損する恐れがあります。万一、都市ガスの中圧ガス導管が被災するとガス爆発を引き起こして大惨事になる可能性もあります。

想定外を想定する

長周期地震動による高層ビルの倒壊や、ビル倒壊による地下埋設物の損傷は想定外の事態でした。長周期地震動は高層ビル以外にも、橋梁や護岸などに作用する可能性があります。東日本大震災の時には、長周期地震動に伴い下水処理場の沈殿池で*スロッシングが発生して沈殿池機械が破損しましたが、土木構造物の破壊には至りませんでした。（＊容器内の液体が外部からの振動で揺動すること）

なお、長周期地震計の設置は、日本では東日本大震災以降に始まりました。一方、ビル倒壊による地下埋設物の損傷については、二〇〇一年の米国同時多発テロでワールドトレードセンタービルの倒壊によって地下鉄駅が破壊される事件がありました。ビル倒壊とは想像を越えた災害ですが、完全に無視することはできません。想定できないことも起きる、という緊張感をもって対応していきたいものです。

薄れいく震災記憶 ～東日本大震災から一〇年～

十年一昔

未曽有の大災害を記録した東日本大震災から一〇年余が経ちました。震災直後は計画停電やライフラインの寸断、サプライチェーンの途絶で、被災地から遠く離れた地域でも社会生活に大きな影響を受けました。当時は連動海溝型地震でマグニチュード九を上回る地震の規模に驚愕しました。その後、マグニチュード九を上回る地震が起こりうるということから南海トラフ巨大地震が想定され、高知県には三四メートルもの大津波が襲来すると報じられました。また、平成二十八年（二〇一六）には震度七が二度も発生した熊本地震がありましたが、東日本大震災の教訓が生かされ、迅速な物資供給や支援体制が実施されました。

しかし最近、東北の下水処理場を訪れてみると、震災当時の職員はほとんどが転勤したり退職していて、一〇年の時間の長さを感じました。東日本大震災以降、全国各地で相次ぎ地震や風水害が発生したこともあり、東日本大震災の体験が風化していないかという懸念があります。大震災から学んだ教訓を十分に反映させていないのではないかという心配もあります。そもそも、人は苦しかったことや辛いことは忘れやすいものです。忘れるから平常の精神が保たれているともいえます。

想定外

東日本大震災で得られた教訓は多数ありますが、その内の三つを考えます。その一つは、「想定外のことが起こる」ということです。下水処理場を飲み込み、巨大な消化タンクを流し去る大津波が襲来することは当時、誰も予想していませんでした。そもそも、「想定できないことは起こらない」と信じてきっていたことに大きな反省があります。ここから得られる教訓は、想定外のことも起こる、ということです。その対策は難しいことですが想定内と同じではありません。下水道施設はこのような想定外の大災害に備えているでしょうか？

東日本大震災応急仮復旧工事（2011 年）

正常性バイアス

二つ目は、「正常性バイアス」です。本書

の冒頭でも触れましたが、人は誰でも日常生活を円滑に行うために正常性バイアスを持っています。心理的な正常性バイアスがあるからこそ、複雑な社会の中であまり負担なく働き、暮らしていけるのです。しかし、災害時には正常性バイアスが負に働き、緊急避難や初動対応を遅らせます。被災地では目の前に津波の危機が迫っていても、「自分の経験では大きな津波は来ない」、「家はしっかりしているから流されない」と信じ込んで多くの市民が逃げ遅れました。このような正常時から異常時への切り替えが遅れると悲惨な結果になります。この切り替えのための心の準備、日頃の訓練はしているでしょうか？

楽観的

そして三つ目は「楽観的に対処」です。地震が起こり、津波が襲来したら、それはそれで自然の脅威を受け入れるしかありません。津波から逃げ切っても施設は破損してしまい、振り出しからやり直しとなってしまいました。津波を受け入れて最善の努力を尽くしてもなかなか復旧は進みません。その時は、精神的に打ちのめされないで「何とかなる」、「いつかは晴れる」と信じて粘り強く頑張るしかありません。被災して打ちのめされた時に、この楽観的な精神を維持できるよう日頃から心がけているでしょうか？

災害遺構

東日本大震災では、その記憶を末代までつなごうということで、各地に災害遺構が設置されました。また、東日本大震災を記憶する記念館、博物館も多数建設されました。下水道分野でも被災時の記憶を留めるべく下水処理場の一角に破損した機器類を展示してあります。建物の外壁には、はるか上方に津波浸水深のマークが取り付けられてあって、その甚大さを実感できます。

災害遺構については、前章のリスボン地震の扱いが興味深いです。いわゆる災害遺構として倒壊したカルモ修道院を保存している一方で、震災を無事に切り抜けた水道橋も博物館として保存しているのです。リスボン市が災害を生き抜いてきた施設として意図的に水道橋を保存しているかどうかは定かではありませんが、災害は負の面だけではなく正の面もあるという保存の仕方もあるのではないかと思います。東日本大震災では岩手県陸前高田市の「奇跡の一本松」が該当します。

このような災害遺構は有効ですが、一方で確実に東日本大震災の記憶が薄れているということを肌で感じています。記憶が薄れるということは、大災害から学んだ教訓を活用できなくなるということです。

法制度の整備

振り返ってみれば、日本の国土は災害続きですが、大災害ごとに災害対応の法整備が進んできました。大正十二年（一九二三）の関東大震災の後には世界初の建築耐震基準が法制化され、現在の建築基準法の先駆けとなっています。昭和三十四年（一九五九）の伊勢湾台風の後には、災害対策基本法が整備されました。そして昭和五十三年（一九七八）の宮城県沖地震の後には建築基準法に新耐震基準の考えが生まれ、平成七年（一九九五）の阪神大震災の後には建築基準法改正に伴い耐震診断の義務付けが行われました。平成二十三年（二〇一一）の東日本大震災の後には、災害救助法の改正や復興庁設置法が整備されました。いわば、先人の犠牲のもとに現在の災害に対する法制度や教訓、知見があります。その経験や知見を生かすことは現代に生きる我々技術者にとって果たさなければいけない責務ではないでしょうか。「人間がもう少し過去の記憶を忘れないように努力するしかない」とは昭和八年（一九三三）に書かれた寺田寅彦著『津波と人間』の一節です。このような視点で、もう一度東日本大震災を振り返ってみたいものです。

世界銀行の洪水リスク対策 ~洪水リスクコミュニケーション~

途上国の防災

世界銀行は国際連合の専門機関の一つで、途上国への資金融資と技術協力を通して極度の貧困を撲滅し、繁栄の共有を促進することを目標にしています。

米国ワシントンD・Cの世界銀行に勤務している南アジア地域防災担当の防災専門官高松正嗣氏が近況を伝えてきました。彼によると、二〇一八年八月にインド・ケララ州で大規模な洪水と土砂崩壊が発生して五〇〇人近くが亡くなりました。彼はその直後に現地に入り被害アセスメントをしました。二〇一九年一一月には、再度同地を訪れ、防災プログラムの政策サポートをしました。このような防災計画づくりは、ハザードマップ作製や建築制限ルールづくり、警戒避難体制づくりなどですが、インドでは基礎的データが少ないことや農業、都市、交通、防災、水、社会、地図と多岐の分野に及ぶことで、まとめるのに苦労をしたそうです。気象分野については、インドの関係者はこれまでは気象予報の精度向上に関心を持っていましたが、最近は関心の方向が地方公共団体や住民側に警報を発令するリスクコミュニケーションに変わってきたとのことです。防災の現場は変化しています。

東京防災ハブ

世界銀行の日本現地事務所は東京都港区の富国生命ビルにあります。ここに、平成二十四年（二〇一二）に日本政府財務省の資金で東京防災ハブが設立されました。これは日本の災害対策の知見や経験を途上国に伝えるための部署で、関連する報告書を発行したりワークショップを開催しています。令和一年（二〇一九）には英文／日本語報告書「日本における都市の統合的な洪水リスク管理」を発刊しました。この報告書は世界銀行東京防災ハブのホームページからダウンロードできます。内容は、日本における洪水対策の知見や経験を、河川、港湾、海岸、下水道の各分野にまたがって横断的にまとめたものです。この報告書で注目すべきは、洪水リスク管理を取り組むにあたり、第一章として「都市洪水のリスクアセスメント及びリスクコミュニケーション」から書き始めていることです。最初にリスクアセスメントを取り上げたのは分かりますが、リスクコミュニケーションを扱ったのはユニークな構成です。途上国の洪水リスクを低減する要点の一つはリスクコミュニケーションであるというメッセージは新鮮な切り口でした。第二章は「投資計画作成及び優先順位付け」です。第三章は「都市洪水リスク低減策の実施」ということでハードとソフトの洪水対策の選択､設計､持続を解説しています。ここでもプロジェクトに住民や民間企業を積極的に関与させることの重要性を示しています。そして第四章では「持続的な運用・維持管理確保」として運用・

維持管理に官民連携や住民参加を取り入れてステークホルダーとともに展開している日本の洪水対策を紹介しています。最後に付録として二〇件の具体的な日本の都市洪水リスク管理事例を一一五頁にわたって示しています。ここでは地域に即したグリーンインフラが半数近くを占めていました。途上国にとって雨水貯留池や雨水ポンプ場建設などのハード対策（グレーインフラ）は、効果は確実ですが事業費がかさみます。時間もかかります。これに対して雨水浸透や棟間貯留など（グリーンインフラ）は効果発現が早いし、地域、住民に近い関係にあるという利点があります。

グリーンインフラ

世界銀行の洪水対策活動はグレーインフラを進めるとともにグリーンインフラにも力を入れていますが、この方針は日本の洪水対策にも参考になるのではないでしょうか。本来、洪水対策は生命財産にかかわることですから住民優先は当然です。しかし、対応すべき洪水規模が大きくなると巨大な防災施設を建設することが優先されます。その結果、住民目線からは洪水の怖さが遠のいてしまうことになりかねない、という問題意識です。せっかく洪水警報システムが整っても正常性バイアスで高齢者が避難指示を無視したり避難が遅れたりすることが散見されています。それは、洪水対策が高齢者の心理の領域にまで踏み込んでいないからです。そもそも、大規模洪水対策施設を建設すると洪水は起こりにくくなるので、結果として洪水という現象を日常から引き離すことになるのです。たとえば、大規模な雨水貯留施設は劇的に都市型洪水を防いできました。その結果、めったに起こらなくなった内水はん濫や外水はん濫が起こった時には、住民は未経験の事態に直面して逃げ惑う現実があります。この点、グリーンインフラは身近な存在ですから効果と限界が感覚的によく分かるので、避難すべき異常な大雨なのかそうでないのかを身近に感じとることができるのではないでしょうか。正常性バイアスから逃れて避難行動に移るには、むしろグリーンインフラのほうが適しているという考えです。

ステークホルダー

会社経営では「株主優先」から「ステークホルダー優先」に移行しつつあります。会社は株主のためのもの、と主張したのは一九七六年ノーベル経済学賞受賞者ミルトン・フリードマンでしたが、最近はマイケル・ポーターが主張する共通価値創造（ＣＳＶ）に基づきステークホルダー優先に傾斜しています。ここでいうステークホルダーとは、消費者、顧客、従業員、サプライヤー、コミュニティなどです。企業は、単一の株主ではなく多様なステークホルダーに対して責任を果たすことが社会的価値を作り出すという理論です。その結果、株主の利益も確保できるということです。その逆ではありません。これは、日本の近江商人の「三方よし」と似た考えです。つまり売り手と買い手、それに世間の三方が納得するのが商売の極意です。

洪水対策もステークホルダーや三方よしと同じように多様で多目的な効果が必要になってきているのではないでしょうか。降雨強度がかつてないほど強まり、尋常な洪水対策だけでは対応できなくなってくると、最後は住民の命を守るために早期避難となります。この段階では住民へのリスクコミュニケーションが重要です。世界銀行が進めている途上国でのリスクコミュニケーションは貧しい社会資本を補完する手法でした。日本では、全国で大雨の激化が進みグレーインフラだけでは住民の命を救えない状況が生まれつつある中で、グレーインフラにリスクコミュニケーションを組み込み、新しい安全・安心を目指すことが必要ではないでしょうか。

第二編　技術経営「変わる下水道、変わらない下水道」

1.「市民の変化」

技術経営は市民、都市の変化への適応です。市民は変化し続けています。その変化をとらえ、変化に応じた技術適用が必須ですが、いつも遅れ気味です。量販店では節水トイレ、食洗器、ドラム式洗濯機など節水性能の優れた高価な家電が売れています。このような市民の節水マインドに下水道はどのように取り組んだらよいでしょうか。行動経済学から読み取れる下水道使用料の高値感にどう対応したらよいでしょうか。

お客様の変化 〜人口減少社会の下水道事業〜

独占事業の実態

下水道事業は地域独占事業なので競争相手がいません。一方、コンビニ業界はスーパーマーケットを駆逐して、小売業のトップランナーですが、後方に量販店、ディスカウントストアが接近しており、し烈な店舗拡張競争を繰り広げています。その代表企業セブン＆アイ・ホールディングス前会長の鈴木敏文氏は「コンビニの真の競争相手はライバル企業ではなくてお客様の変化である」と看破しました。ローソンやファミリーマートとの競争に目を奪われていてはお客様の変化を見失う、たとえライバル企業に勝っても生き残れないということです。実際、コンビニ間の過当ともいえる出店競争のなかでドンキホーテのような格安量販店が虎視眈々（こしたんたん）と次の小売業マーケットの主導権を狙（ねら）っています。だからこそ、お客様の変化を読み取り、要望に応える努力が必要なのです。

小売業との比較で考えると、下水道事業は本当に安定した独占事業なのでしょうか。下水道の見えない競争相手は「お客様の変化」、「市民の変化」ではないでしょうか。

おいしい水のパラドックス

水道事業のヒットは「おいしい水」です。カビ臭や塩素臭で苦情の多かった水道水の評判を取り戻すためにオゾンと活性炭で高度処理をしたことによって、水道水に対するお客様の評価は大きく前進しました。実際、おいしい水キャンペーンとして全国各地で水道水をペットボトルに入れて配布したり販売したりしていますが、市販のボトル水とそん色のないレベルに達しています。ところが、皮肉なことに水道事業のおいしい水戦略が浸透すればするほど、水道水の需要を押し下げている可能性があります。

そもそも、おいしい水は競争相手であるボトル水を意識して飲料水としての水道水の質の向上を狙ったものです。そのため、おいしい水はお客様から見て水道水の価値をいっそう高く評価することに貢献しました。しかし、どんなにおいしい水が高く評価され、お客様の飲用する量が増加しても、水道使用水量のうち飲用に占める割合はわずかに一パーセント前後にすぎません。つまり、お客様の評価と水道使用水量増加とがリンクしていないのです。もし、水道水がおいしくなったら水道料金を上げられればよいのですが、それは不可能です。水道料金は総括原価主義ですから、いくら水道水の質を上げて利用者の評価を上げても、それだけでは水道料金は上げることはできません。

一方、飲料水以外の洗濯や炊事、トイレ、風呂などに使用されている水道水は、利用者においしい水が高品質で貴重であるというイメージが浸透したので、必要以上に可能な限り節水して水道料金を倹約するという気持ちを駆り立てました。その結果、お客様はおいしい水を堪能する半面、洗濯や炊事、トイレ、風呂などに使う水道水はできるだけ節水するように心がけるようになりました。もちろん、節水の動機は、もともとは渇水対策から生まれたものでしたが、水源が十分手当されている地域や渇水が起こりにくい季節にも、おいしい水の効果で倹約を期待する節水が広まっています。

節水社会の到達点

以上の結果、水洗トイレや洗濯機、食洗機、風呂シャワーなどの水道水使用機器の節水性能を高めるならば製品の価格は多少高くてもいいし、電気代がかかってもいい。かかった分は節水で取り戻すし、その後は儲かる、とするお客様の消費者行動が広まりました。そのため、水洗トイレメーカーや洗濯機メーカー、食洗機メーカー、風呂シャワーメーカーがこぞって節水機器の新製品を開発して販売しています。現在では、日本は世界に冠たる節水機器社会になり、この一五年間で水洗トイレ一回当たりの使用水量は一八リットルから三・八リットルまで下がりました。食洗機についても、手洗いでは一回当たり八〇リットル必要としていたものを現在は九リットルですませています。洗濯機は一回当たり旧式の二槽式で一四〇

東京都水道局平成 27 年度一般家庭目的実態調査より（人・日）

項目	使用水量	風呂	トイレ	洗濯	炊事	洗面
平成 9 年度	248 ℓ （100%）	64.5 ℓ （26%）	59.5 ℓ （24%）	49.6 ℓ （20%）	54.6 ℓ （22%）	19.8 ℓ （8%）
平成 27 年度	219 ℓ （100%）	87.6 ℓ （40%）	46.0 ℓ （21%）	32.9 ℓ （15%）	39.4 ℓ （18%）	13.1 ℓ （ 6%）
差	− 29 ℓ	23.1 ℓ	− 13.5 ℓ	− 16.7 ℓ	− 15.2 ℓ	− 6.7 ℓ

リットル必要としていましたが、最新のドラム式では頑固な汚れには六〇リットルですむようになりました。最近のドラム式では頑固な汚れには温水洗浄コースも用意して、さらなる節水、洗剤節約をうたっています。これは、通常の洗浄では落ちない汚れを検出すると洗浄水の温度をヒーターで温めて温水にして頑固な汚れを落とす仕組みです。頑固な汚れには余分な水道水は使わずに電気エネルギーを使うのですから節水に徹したシステムです。洗濯機メーカーのパンフレットによると、毎日八〇リットル節水をすると、一年間には水道料金と下水道使用料を合わせて七千円程度の節約になるそうです。そこで、二槽式洗濯機は七万円から一〇万円位しますがドラム式洗濯機は一五万円程度なので、一〇年程度で元が取れることになります。

お客様の変化

表の東京都水道局の一般家庭目的実態調査によると、平成九年度（一九九七）用途別水道使用水量は風呂六四・五リットル（二六パーセント）、トイレ五九・五リットル（二四パーセント）、洗濯四九・六リットル（二〇パーセント）、炊事五四・六リットル（二二パーセント）、洗面一九・八リットル（八パーセント）で日使用量は二四八リットル（一〇〇パーセント）でした。（　）書きは占める割合です。ところが、一八年後の平成二十七年度（二〇一五）は風呂八七・六リットル（四〇パーセント）、トイレ四六・〇リットル（二一パーセント）、洗濯三二・九リットル（一五パーセント）、炊事三九・四リットル（一八パーセント）、洗面一三・一リットル（六パーセント）で、一人当たりの日使用水量は二一九リットル（一〇〇パーセント）に減りました。つまり、この一八年間に洗濯、炊事、トイレ、洗面の用途で節水が進み、一人当たりの日使用水量は二九リットルも減りました。しかし、風呂については、目立った節水機器が開発されていなかったことと、この間に少子高齢化が進み、一世帯当たりの人数が減って単身世帯が増えたことで一般家庭の風呂用使用水量が二三・一リットルも増加する現象が現れました。つまり、節水機器の普及や世帯人数の減少というお客様のライフスタイル変化によって一人当たりのトイレや炊事、洗濯などの水道水使用量は減りましたが世帯単位で使用すると考えられる一人当たりの風呂使用水量は増加し、全体的には減少傾向が進みました。この結果、お客様の水道水へのニーズはこの一八年間で風呂に大きくシフトし、そのシェアは二六パーセントから四〇パーセントに増加したことになります。

お風呂キャンペーン

このようなお客様の水道水利用変化を読み取ると、今後の水道事業は風呂のニーズに見合ったサービスを強化すべき、ということになります。この点で名古屋市が進めている「お風呂シンポジウム」は先見性があります。京都市には水道印入浴剤というアイディアもあります。東京ガスはお風呂のイメージPRを進めています。一方で風呂の節水を促進する立場では、高価なウルトラファインバブルの節水シャワー器具や体の形に合わせた節水浴槽など、湯量を減らす節水風呂機器関連商品が提案されています。

節水のコスト構造

著者は、ここまでの行き過ぎた節水最優先というお客様の価値観は、お客様のためにも是正されるべきと考えています。

もともと、節水は渇水対策を目的にして始まりました。しかし、渇水時に節水するのは当然ですが、平時に過渡の節水を続けるのには疑問があります。むしろ、水道水を賢く使い、生活を豊かにするべきです。時には、洗剤や電気エネルギーを節約するために水道水を多めに使うという選択肢があってもよいはずです。水道水の節約を求めるあまり、他の資源やエネルギーを浪費してもよいというものではありません。エネルギーや資源をバランスよく節約して全体としての合理性を求めなければいけないはずです。

ちなみに、水道施設や下水道施設のコスト構造は固定費比率が九割と大きくて硬直的です。つまり、節水して水需要を減少させてもその分のランニングコストは下がりにくい固定費的事業なのです。同じ社会インフラでも電気や都市ガスは重油やＬＮＧなどの変動費の割合が高く、需要が減ればコストも下がります。電気の固定費比率は五割、都市ガスは四割といわれていますから、水道、下水道からみれば電気・都市ガス事業は変動費的事業です。二酸化炭素排出についても同じ関係があります。水道、下水道は節水しても浄水場や下水処理場、水道管や下水道管を建設した時の費用は回収できません。その時排出した二酸化炭素は取り戻すことはできません。

賢く使う

以上のように、水道や下水道はそもそもお客様の変化に対応しにくい構造なのです。したがって、できることなら基本料金だけの料金体系にしてもよいくらいです。しかし、水道、下水道は少量使用者への負担増を配慮して、基本料金と従量料金の二部料金制、およびたくさん使うと単価が高くなる段階別逓増料金制を適用することになっています。

それだけに、倹約を目的とした節水に対しては水道を賢く使う方法を逆提案をする必要があります。

水道を賢く使う提案に関して、名古屋市上下水道局ＯＢの忠田友幸氏は雑誌に「*ベランダ菜園」を提案しています。（＊『水道公論』二〇一六年八月号四八頁）その内容は以下のとおりです。

「少子高齢化や節水によって水道水使用量がじり貧のなかで、これまで水道事業者は水道水使用量増加の政策を進めてこなかった。水道水使用量増加のキャンペーンをするには、水道水を無駄に使うのではなく、賢く使い文化として定着するくらいのインパクトがなければいけない。文化とは、人が楽しみ、生活や心を豊かにするということだ。そこで一例として「ベランダ農園」を提案する。都会のベランダで誰でも簡単に作物を育てる活動を広げて、結果的に水道水使用量も増やすことをめざす。」

このような提案はこれまでは見られなかったことで、秀逸です。この提案に、本項の冒頭で触れた「お客様の変化」を重ね、時代の流れとして展開していくのが本筋です。

下水道の増量キャンペーン

水道水の大部分は下水道に流されているので、下水道事業としても水道使用水量の変化は大きな関心事です。ただし、「ベランダ菜園」では下水道使用量増加にはならないので、他のアイディアを探さなければなりません。したがって、水道とタイアップして増量キャンペーンを進めるとともに、下水道も、人が楽しみ、生活や心を豊かにする、という切り口の別の企画を考えてみたいものです。下水処理場の処理水を、もう一度街に戻して水洗トイレ用水として利用する再生水利用は、その一つでしょう。

手洗いの効用 ～水道水を賢く使う～

手洗いの励行

そこで、水道使用水量増加の方策を考えてみます。

シャワートイレ（温水洗浄便座）を使った後、手は汚れていないので洗わなくてもよい、という誤解があります。しかし、トイレを使用する時にはドアのノブやトイレの水洗レバーに触れるので手に細菌やウイルスが付着します。シャワートイレの押しボタンも他人が触った可能性があります。そして、トイレをフラッシュする時は目には見えにくい大量の飛沫が飛散することが知られています。そのため、トイレの蓋を占めないでフラッシュすると飛沫はドアのノブや水洗レバー、押し釦スイッチに付着して細菌やウイルスに汚染されている可能性があるのです。

したがって、トイレから出たらシャワートイレでもしっかりと手洗いを励行することが必要です。

手洗い時間

もう一つの誤解は、新型コロナ感染症対策で手を洗う場合に、普通はわずか数秒、長い人でも一〇秒くらいしか時間をかけていないことです。これでは洗浄効果は期待できません。水栓からの*流水で一五秒かけて洗った場合のウイルス残存率は約一パーセントです。ハンドソープを使うと皮膚に付着したウイルスも除去できるので、ハンドソープで一〇秒洗い、流水で一五秒すすぐと〇・〇一パーセントになります。（*『手洗いによるウイルス除去効果の検討』森功次他、東京都健康安全研究センター、感染症学雑誌八〇巻、二〇〇六年、四九六頁）

このため手を洗う時間について、ある洗剤メーカーは、余裕を持って石けんを使った上で流水で三〇秒間洗い続けることを推奨しています。たとえば、手を洗う時は「ハッピーバースデートゥユー」の歌を二回歌うように薦めています。著者は童謡「うさぎとかめ」を二回歌うことにしています。いずれも一回歌うと一五秒です。

ステンレス石鹸

台所仕事で魚を扱って手に生臭さが付着した場合は、普通の石けんでは生臭さの匂いは落ちません。この場合には、ステンレス石けんが有効です。ステンレス石けんは国産でも各種ありますが、著者はスペイン・マドリッドのデパートでドイツ・ゾーリンゲン市ツバイリング社のステンレス石けんを購入しました。ステンレス石けんはツバイリング社の特許製品なのです。

ステンレス石けんの使い方は、水栓の流水中で三〇秒ほどステンレス石けんを手でもむようにして洗うと、不思議なことに手の生臭さが取れます。その理由は、水に溶けにくい臭気物質がステンレスから放出されるマイナスイオンと反応して錯体に変化して溶解し、洗い流されるからです。

以上、細菌やウイルス、臭気物質も三〇秒ほど流水中で洗う時れいに取れる点がポイントです。水栓を三〇秒ほど流したままにすると、約四リットルの水道水が流れます。一日五回手を洗えば二〇リットルの水道水が必要になります。先ほど、少子高齢化と節水行動で平成九年度から平成二十七年度の間に一人一日あたり二九リットルの節水をしたと述べましたが、しっかりと手洗いすれば水道使用水量は取り戻せるのです。ちなみに、一人一日の水道使用水量は約二〇〇リットルを見込んでいますから、水道使用水量は約一〇パーセント増加することになります。

手洗いのコスト

手洗いは、新型コロナウイルスを初め、インフルエンザウイルスやノロウイルスに対する有力な対策です。ある計算では、インフルエンザの七〇パーセントは徹底した手洗いやうがい励行で予防できるとしています。実際、新型コロナウイルス感染症対策では三密防止、マスク着用と共に手洗いの励行は重要な対策です。インフルエンザに感染すると医療費は一人当たり五千円ほどかかりますが、一回三〇秒ほどの手洗いに使う*水道水四リットルの上下水道料金は一円未満です。（＊一立方メートル当たりの上下水料金を二五〇円とする）ですから、水道事業者や下水道事業者は流水を惜しまずに三十秒ほど手洗いすることが衛生的であり経済的であることを積極的にＰＲすべきです。

シャチハタの手洗いスタンプ
「おててポン」(2020 年)

シャチハタの「おててポン」

シャチハタ株式会社は子供向けに「おててポン」という写真のような製品を販売しています。これは三〇秒間手洗いをすると消えるスタンプです。子供の手にスタンプを押すと写真右の小さなばい菌君の絵が現れ、遊びながら絵が消えるまで洗うということです。

シャチハタは印章やスタンプの会社ですが、印章やスタンプは、一度押したらできるだけ長く消えないことが必要です。しかし、これを逆手にとって消すためのスタンプを作りました。これは、はがすための接着剤を開発して製品化した「ポストイット」に匹敵する優れたアイディアです。汚れを可視化するのは、歯垢を赤く染める歯垢染色液がありますが、手の汚れの染色液はありませんでした。そこで、染色液の代わりに落ちやすいスタンプで代用したところがスマートです。とりあえず子供用ですが、形を変えれば調理場やオフィスでも使えそうです。大人用にはスプレータイプがよいかもしれません。まずは、「おててポン」を上下水道事業者が協力して全国の小学校生徒に無料で配ったらいかがでしょうか。

ＴＯＴＯミュージアム　〜究極の節水トイレ〜

白亜のミュージアム

三・八リットルの水洗トイレを作っている株式会社ＴＯＴＯのＴＯＴＯミュージアムを見てみましょう。ここは、平成二十七年（二〇一五）にＴＯＴＯ創立一〇〇周年記念事業として北九州市の工場敷地内に建設され、水洗トイレや水栓など、上下水道に関わる身近な機器が所狭しに展示してあります。上下水道関係者には一度は見聞して欲しい施設です。

ミュージアムは二階建ての純白で巨大なシェル形状の建物に収納されていますが、入口に近づくと、その白さに圧倒させられます。白イコール清潔というイメージがありますが、この外壁には光触媒が施工されていて、日射の紫外線で建物に付いた汚れを自ら分解する機能が働いているそうです。室内も白が基調です。汚物を扱う水洗トイレを限りなく清潔に保つというメッセージが建物内外で発信されています。

温水洗浄便座

ミュージアムに入ると、明治時代のトイレから大正時代の西洋バスタブ、最新の水洗トイレまで、ありとあらゆるトイレが整然と展示してあって目が離せません。普通の水洗トイレは体重一〇〇キログラムが限界だそうですが、特別頑丈なものが力士用として製作され、両国国技館に収められたそうです。

お尻を洗浄する習慣は、昭和五十五年（一九八〇）にＴＯＴＯの温水洗浄便座ウォシュレットが発売されたのが最初です。その後、国内では短期間に普及しましたが、なぜか海外では思わしくありません。ミュージアムでは、海外向け温水洗浄便座の展示もありましたが、必ずしも一般的ではないようです。海外でも高級ホテルでは採用され始めているようですが、著者の経験では、お尻を洗える水洗トイレの設置は皆無でした。もっとも、あまり立派なホテルには泊まっていないせいかもしれません。

なぜ温水洗浄便座は外国で普及しないかの理由は不明です。一説には、海外の水道水は必ずしも清潔でないのでお尻を洗う気になれない、とか、海外の水道水は硬水が多く、配管が詰まりやすい、ということが言われています。でも、ニューヨーク市の水道は清潔で軟水ですが温水洗浄便座は普及していません。

しかし、温水洗浄便座が中国からの旅行者にお土産として買われているそうです。最新鋭旅客機ボーイング七八七にも装備されていましたから、いずれ温水洗浄便座は世界に広まるものと考えられます。その時ＴＯＴＯは、お尻を洗うという日本の文化を世界に伝える役割を果たすでしょう。

節水トイレの歴史

ミュージアムの展示で最も関心を引いたのは、水洗トイレの節水の歴史でした。当初は大便一回の水洗水量は二〇リットルでしたが、昭和五十一年（一九七六）に一三リットル機種が出現し、平成六年（一九九四）には一〇リットル機種に進歩しました。その五年後、平成十一年（一九九九）には八リットルとなり、平成十八年（二〇〇六）には六リットル、平成十九年（二〇〇七）には五リットルと年単位で節水性能が進みました。そして平成二十二年（二〇一〇）には四・八リットルという節水トイレが発表され、ついに平成二十四年（二〇一二）には三・八リットルという究極の節水トイレが現れました。究極というのは、三・八リットル機種の場合には、小便の洗浄水量は三・三リットルですから、両者の差は事実上ゼロに近いからです。

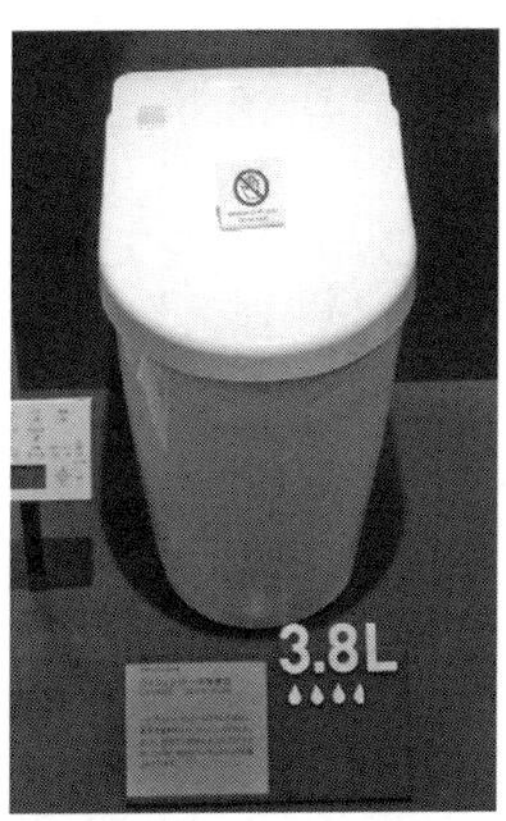

展示されていた究極の3.8リットル節水トイレ（2015年）

以上の節水トイレの背景には社会動向

がありました。最初の節水トイレである一三リットル機種が出現したのは昭和四十八年（一九七三）の第一次石油ショックから三年後でしたし、平成三年（一九九一）にバブルが崩壊して失われた二〇年が始まると同じく三年後に一〇リットル機種が発売されました。その後、短い期間で節水が進み、平成二十四年（二〇一二）には三・八リットル機種に至りました。

ここで注意すべきは、節水による上下水道料金の節約です。ＴＯＴＯのホームページによると、一〇年ほど前の標準的な節水トイレの洗浄水量を一回当たり一三リットルとし、これを最新の三・八リットル節水トイレに交換すると、年間一万五〇〇〇円の水道料金を節約できる、としています。計算根拠は、四人家族で大便一回／人・日、小便三回／人・日、水道料金二六五円（税込み）／立方メートルです。この広告は、一〇年で一五万円も安くなる、と訴えていました。この商法は、ハイブリッド車と同じです。ハイブリッド車はガソリン車よりも車体価格は高いですが燃費は格段によいですから、五年も乗れば元が取れる、というキャッチコピーです。そして、ハイブリッド車が普及すると街からガソリンスタンドが減ってしまいました。上下水道がこのようにならないことを願うばかりです。

モノからコトへ　～幸福の黄色いハンカチ～

たかがハンカチ

世の中には知恵者がいるようで、著者は横浜の大さん橋で興味深い光景を目にしました。大さん橋は通称「クジラの背中」と呼ばれていて長さが五〇〇メートルもあり、一面がウッドデッキで覆われているので歩きやすく、海に突き出ているので景色のよい観光スポットです。運がいいと客船バースには大型クルーズ船が停泊していて非日常的な光景が現れます。令和二年（二〇二〇）春にはダイヤモンドプリンセス号がここに停泊して新型コロナ感染症対策で大騒動になりました。それより一年前の令和一年（二〇一九）二月に、「大さん橋を黄色に染めてクルーズ船を見送ろう」というイベントが始まりました。停泊しているクルーズ船が出航する時に大さん橋に来た観光客に黄色いハンカチを無料で配り、観光客にハンカチを振ってもらって大型クルーズ船を見送ろうというイベントです。〝黄色いハンカチ〟といえば、山田洋次監督の『幸福（しあわせ）の黄色いハンカチ』を思い浮かべます。このイベントの主催は大さん橋の指定管理者ＪＶですが、この映画から思いついた企画提案かもしれませんでした。

著者は、たまたま同年三月末にこの黄色いハンカチイベントに出くわし、スタッフから黄色いハンカチを受け取り、写真のように他の観光客と一緒に黄色いハンカチを振ってクルーズ船の出航を見送りました。クジラの背中のデッキから黄色いハンカチを振っていると、これに応えるクルーズ船の乗客も現れ、乗客と無言のあいさつを交わすことができて小さな幸福を感じました。

「送迎デッキで黄色いハンカチを振る観光客」(2019年)

されどハンカチ

手にしたハンカチはそのまま持ち帰っていいことになっています。ハンカチには、「Osanbashi Queen」という赤い文字のプリントがありました。これは月替わりで二月には「Osanbashi King」と書いたハンカチを配りました。四月には「Osanbashi Jack」に変わりました。そして、King、Queen、Jackの三種類のハンカチを集めると主催者から記念品がもらえるという趣向です。

ちなみに、横浜港のKingといえば、知る人ぞ知る神奈川県庁旧庁舎の屋上にある五重の塔のような建造物を指します。Queenはエキゾチックな横浜税関庁舎屋上の塔、Jackは横浜市開港記念館屋上の塔になります。いずれの塔も大さん橋から一望でき、横浜港では戦前からある象徴的な建造物群です。

幸福な気持ち

ハンカチはどこにでもあるタオル地で、決して高価なものではありませんでした。しかし、それを手にしてクルーズ船に向って振っていると、クルーズ船からも返事が返ってくるという劇的な関係が生まれました。人と人を結ぶ時、ハンカチがモノからコトへの橋渡しをしていることに気づきました。

下水道に求められる文化、つまり人が楽しみ、生活や心を豊かにすることは、この黄色いハンカチのようなモノがカギを握っているというインスピレーションがひらめきました。

マンホールカード

それは下水道ではマンホールカードかもしれません。マンホールカードは、目に見えない地下の下水道をマンホールカードというツールで呼び起こして下水道のイメージを可視化しています。普段は下水道に無関心な市民の目を引きつける手法は、クルーズ船を遠くから眺めるだけで帰ってしまう観光客に黄色いハンカチを配ってクルーズ船と関連付け、「クジラの背中」に長い間とどまらせて見送りしてもらうというイベントと似ていると思いました。

もし黄色いハンカチイベントから学ぶことがあるとすれば、主催者は黄色いハンカチという「モノ」を配って観光客を見送るという「コト」に参加させ、そして、小さな幸福を感じさせたことでしょう。下水道の「コト」とは何でしょうか。小さな幸福を感じさせてくれる何かがあるのでしょうか。心に響く下水道を探しあてたいものです。

ストリートピアノ　～弾きたいから弾く～

生演奏の魅力

またまた著者の体験で恐縮ですが、平成三十年（二〇一八）暮に著者が通勤に利用している横浜市関内駅のマリナード地下商店街に写真のようなストリートピアノが設置されました。ストリートピアノは誰でも自由に弾けるし、誰でも聴ける公開のピアノで、NHKの放送で評判になりました。

後姿が何かを物語るストリートピアノ（2018年）

設置後しばらくして生演奏している場面に出会いました。いつも商店街で聞きなれている有線放送に比べて生演奏は確かに違います。音に起伏があり、迫力のあるリズムが伝わり、何よりも目の前で演奏している人の息づかいが伝わってくるようでした。当日は、写真の男性がベートーベンのピアノソナタ月光を弾いていました。茶色のジャケットにジーンズというラフな格好の男性は見たところ三十代で、近くのマンションからふと歩いてきたような風情でした。

初体験

ストリートピアノと同じ主旨のものは、海外の空港や駅にも設置されていて時々テレビでも放送されています。しかし、筆者は実際に目にして聴いたのは初めてでした。そして演奏を聴きながらある種の感動を覚えました。

初めは、無償でピアノの生演奏が聴ける、という程度の印象でしたが、しばらく聴いているうちに「楽しんでいる」のは通りすがりの観客だけでなく、演奏している本人もピアノが弾けて楽しくてたまらないという気持ちが伝わってきました。誰か人に聞かせるというよりも自分自身のために、という気持ちです。週末ゴルファーが駅のホームで何気なく素振りのまねをしているようなものです。この関係性は、仕事にも、ボランティアにも通じるものです。無理やり強いられる仕事は苦痛以外の何物でもありません。早く終わらないかと思いながら取り組む仕事には発展はありません。わくわくする仕事は、つらくても時間のたつのを忘れて没頭し、終わってみるとすがすがしい成就感があるものです。その違いは、やらされるか自らやるか、です。ボランティアではこの関係が一層強くなります。「してやる、人のためにする」という気持ちではボランティアは続きません。自己実現をさせてもらう、というボランティア精神がなければ一日ももたないでしょう。カリスマボランティアの尾畠春夫氏は、「決して『してやる』ではなく『させていただく』の気持ちで私は臨んでいます」と語っていました。ストリートピアノはボランティア精神でした。

伝える

もう一つの感動は「伝える」ということです。人前でベートーベンの月光を最後まで弾き切るにはかなりの技量が必要です。特に後半はテンポが早く感情の起伏の激しい曲ですから自信がないとなかなか弾けません。その難曲を弾きこなしている後姿を見ていた人たちは、きっと感動し、自分もあのように弾きたい、という願望を込めて聴いていたに違いありません。小さな子供は、これをきっかけにピアノを習い始めるかもしれません。ピアノを弾いていた人は余計なことは意識していなかったと思いますが、結果としてピアノのすばらしさを同一目線で伝えていたことは間違いありませんでした。

なお、マリナード地下商店街のストリートピアノは、令和三年（二〇二一）二月にＮＨＫの番組で全国に放映されました。

下水道の達人

ピアノというモノがストリートピアノで人と人を結びつける道具に変わり、人が楽しみ、生活や心を豊かにするコトになりました。演奏している人は写真のように背中しか見せていませんでしたが、演奏を楽しみ、彼自身の心を豊かにしている光景が目に浮かんできました。それを遠巻きにして見ていた著者を含む観客は、短い時間ですが演奏者と同じ時間を共有できた実感を得ました。

ストリートピアノを演奏している人と観客の関係から、下水道が文化となり、人が楽しみ生活や心を豊かにするのは、その関係性を市民に求める前に職員自身が感じるべきであり、そうでなければ市民が感じられるはずがないということに気がつきました。そのためのモノは、マンホールカードでもよいですが、職員ですから自分の専門性に関するものでもよいでしょう。下水道の魅力に触れ、情熱をもって下水道に取り組んでいる後姿は、きっと市民にも伝わり、感動を与え、そこから楽しみや豊かさを読み取るものと確信しました。その時はきっと、働く職員の後姿は、市民からみると下水道の達人に見えることでしょう。

損失回避を知る ～行動経済学に学ぶ～

損失回避

読者はコインをトスして表が出たら千円もらえる、裏が出たら千円払うという賭けに応じるでしょうか。普通の人は間違いなく拒否するでしょう。ほとんどの人は、同じ千円でも、もらえる千円の喜びより失う千円のほうが痛みを大きく感じるそうです。平成二十九年（二〇一七）ノーベル経済学賞を受賞した行動経済学者のリチャード・セーラーは、表が出たら二千円もらえるとし、裏が出でたら千円を失うとすると、もらえる喜びと失う痛みの均衡がとれることを実験に基づいて証明しました。本来は、同じ千円だからもらう千円と失う千円が釣り合うと思われますが、人は必ずしも合理的には行動せず、損失を回避することを重視しているそうです。従来の経済学では人は合理的な行動をし、千円の価値は得られる時も失う時も同じ千円とみていると考えていましたが、人の心理を取り入れた行動経済学では、損失の苦痛は利益を得た時の喜びの二倍近く感じられる、となります。

驚きの意識調査

心理の問題は複雑で難しいですが、社会が市民から成り立っていることを考えると本質的な課題です。平成二十九年(二〇一七)秋に国土交通省が行った下水道に関する意識調査では、下水道使用料について四八パーセントの人が「高い」または「非常に高い」と回答しました。そして、これらの人たちはその理由として複数回答の条件で四四パーセントの人が「水道料金と下水道使用料を一緒に払っているから」と答え、二四パーセントの人が「二カ月分まとめて払っているから」と答えました。水道料金と下水道使用料を一緒に払っても別に払っても負担する金額は変わらないはずです。二カ月分まとめて払うことも同じです。しかし大勢の市民は高いと感じているのですから、この感覚は真摯に受け止めなくてはいけません。

市民の立場

水道料金と下水道使用料を一緒に請求するのは、水道事業者、下水道事業者から見ればコストを削減しているのですから合理的です。二カ月分まとめて請求するのも同じです。しかし、行動経済学が教えるところによれば、毎月徴収されるのと、二カ月ごとにまとめて徴収されるのでは、同じ金額でも後者のほうが負担感は大きいのです。問題は事業者側のコスト削減努力が利用者からみると逆に高値感を与えているところにあります。下水道使用料の請求書をよく読めばきちんと書いてある、というのは事業者の立場です。下水道事業者と利用者との間の感覚は微妙に違っています。

高値感

そもそも、行動経済学の視点では支払いは収入の二倍の損失感があります。その上に、水道料金と下水道使用料を一緒にして隔月で請求されるのですから、利用者から見れば分割払いに対する一括払いに相当する高値感を感じるのではないでしょうか。水道料金と下水道使用料が区分しにくいということもあります。二カ月分まとめて請求されるのも同じです。電気料金やガス料金は企業別、毎月請求ですから、比較されるとなおさら目立ち、水道料金、下水道使用料は高いということになります。市民の心理を理解して高値感をいだかないようにするには、電気・ガス並みの毎月請求にすることが必要です。水道料金と下水道使用料は別の請求書を発行するべきです。それに要するコスト増はＩＣＴなどの企業努力で対応すべきです。

水道料金と下水道使用料

そもそも水道料金に対して下水道使用料と呼ぶことも分かりにくい原因の一つです。両者の表記の違いは、水道法と下水道法の違いであり、水道水を供給するか下水を受け入れる施設を使用させるかの違いによるものです。両者は事業者の視点からは正確な表記であっても市民からみれば違和感をいだきます。下水道に関わる民間企業の社員が、下水道使用料を間違えて「下水道料金」と呼んでしまうと、下水道職員は「おやおや」とあきれるかもしれません。しかし、市民からみれば料金であっても使用料であってもお金を払うのには違いがありません。このように、正確性と分かりやすさは、時には相反することがあります。

なお、東京都下水道局では、両者の違いを承知したうえでホームページやパンフレット類には市民の混乱を避けるためにあえて「下水道料金」の表記を採用しています。もちろん公文書では「下水道使用料」としています。

シェア畑 ～下水道未利用用地の利用～

東京都落合水再生センターの
有料駐車場（2020 年）

未利用用地利用

下水処理場の二重覆蓋施設の上部は、公園やスポーツ施設、市民農園などに活用している事例が多いです。二重覆蓋施設以外でも写真のように、東京都のいくつかの水再生センターでは敷地の一部を有料駐車場に活用しています。しかし、下水処理場の敷地は全てが有効に利用されているわけではありません。むしろ、下水処理場の一角に広大な未利用用地を見かけることもよくあります。

この未利用用地は、将来の水処理施設拡張用地であったり、汚泥焼却炉増設予定地であったりします。下水処理場を計画して用地を取得する時に、最終計画に基づいて用地を先行取得することは認められています。もし、先行取得しておかないと、施設を増設したい時に用地が足らないという事態になってしまいます。

アグリメディア社

この未利用地の活用を考えている時、ベンチャー企業の株式会社アグリメディアが展開している「*シェア畑」を知りました。「シェア畑」は、首都圏で一〇〇カ所近くの休耕地を借り上げ、小分けして市民に貸し出している一種の市民農園です。しかも、その手法はいま流行りのシェア・エコノミーです。(*『逆転の農業』吉田忠則、日本経済新聞出版社、二〇二〇年、二三一頁)

サブスクリプション

「シェア畑」のコンセプトは未利用農地のサービス業的利用です。一般の市民農園と「シェア畑」との違いはモノとコトの関係で説明できます。つまり、「シェア畑」を契約すれば利用者は手ぶらで農作業が楽しめます。種や苗、農機具など作業に必要な機材は全て会社が現地に用意してくれます。その上、栽培に必要な知識は「栽培アドバイザー」が責任をもって指導してくれます。利用料さえ払えば、農作業に関するすべてのモノが自由に使えるのですから、動画配信の*サブスクに似ているビジネスモデルです。(*定額見放題のサブスクリプションモデル)

高い利用料

一般の市民農園との最も大きな違いは利用料です。普通の市民農園の利用料は年間五千円程度ですが、「シェア畑」は一〇平方メートルで年間約一〇万円と高額です。入会金も必要です。この強気の価格設定は、「シェア畑」は作った野菜の価格を対価として考えるのではなく、子供と一緒に土になじんだり、自分で食べたいものを自分で作ったり、農作業をして体を鍛えたりすることを楽しむ対価としてあるからです。ですから、「シェア畑」のライバルはスーパーではなくフィットネスクラブだそうです。したがって、利用料もフィットネスクラブの会員料金並みに高く設定できるのです。

栽培アドバイザー

「シェア畑」のビジネスモデルから学べることは、都市近郊の農地活用は、土地利用の延長として考えるのではなく、サービス業的にとらえることです。そのためには、会社が農機具や栽培アドバイザーを用意して利用者間でシェアし、稼働率を上げて付加価値を高めています。また、栽培アドバイザーは、市民農園では付近の農家の人が農業専門家としてボランティアで指導しているケースが多いのですが、「シェア畑」では上から目線で農業指導をすることは厳禁です。栽培アドバイザーは農業指導をする前に利用者一人ひとりの立場から何が必要かを把握し、利用者と一緒に考えられる人でなければいけないそうです。そして、そのような人間関係が作れるように研修もします。まさしく、フィットネスクラブのインストラクターに相当するサービス業です。

モノからコトへ

下水処理場には豊富な水もあるし土地もあります。場合によってはコンポストもありますが、下水処理場の未利用用地を市民に提供して活用するのに必要なのは、「シェア畑」のサービス業的経営感覚です。アグリメディア社は衰退気味の都市近郊農地について、都市市民が本当に求めているコトを提供して新市場を創出しました。下水処理場も都市近郊という点では同じです。他の公共事業の未利用用地も加えて束ね、事業規模を大きくすることができるかもしれません。下水道未利用用地をコトに結び付ける新たな企画力が問われています。

なお、用地取得時に国庫補助金を導入している場合には、未利用用地の有効活用は土地の有償貸与とみなされて財産処分を求められることがありますので、事前に県なり国なりに確認しておく必要があります。

2．「下水道の変化」

下水道そのものも変化しています。下水温度は上昇しています。下水温度上昇は下水道管腐食を促進する一方、活性汚泥の性能を向上させます。下水処理場ではＢＯＤの測定法を原因として処理水をきれいにすればするほど数値的には汚れるという現象が現れて困惑しています。このような時にこそ、下水道管路内で下水を浄化してしまうような新しい発想が必要です。それにはあえて夢を持つことです。夢しか実現しません。

下水道管の温暖化～節水の影響～

下水温度の上昇

「市民の変化」の章では、市民の節水行動で上下水道事業が財政的に圧迫を受けていることを記しました。節水そのものは環境にやさしく、省エネで二酸化炭素排出削減にも貢献しています。しかし、上下水道事業はきわめて需要変動に応じにくい構造をしていて、節水が上下水道事業を運営するにあたってマイナスに働いているということでした。

節水の影響は下水道に別の現象も引き起こしています。節水することによって下水温度を上昇させているのです。都市の排熱は大気に拡散するとともに排水に移行して下水に捨てられます。その時、下水の総量が節水で減少すると、結果的に下水の温度は上昇することになります。その上、一日一人当たりの風呂用に占める水道使用水量は平成九年度（一九九七）に六四・四リットルであったのが平成二十七年度（二〇一五）には八七・六リットルに増えています。風呂排水の温度は比較的高いので、この現象も下水の高温化に寄与していると考えられます。

下水温度の上昇はどこの都市でも見られる現象ですが、東京都のデーターによると、この三〇年間で約四度も上昇している可能性があります。

下水道管劣化促進

下水道管の腐食メカニズムは、水面が管壁と接する部分および管頂部分で下水に含まれている硫黄化合物が硫黄酸化細菌の働きで分解し、硫化水素や希硫酸となり腐食が促進すると考えられています。

この腐食促進には二つの原因が考えられます。その一つは下水温度の上昇です。一般的に、化学反応は温度が一〇度上昇すると反応速度が二倍になるといわれていますが、硫黄酸化細菌などの微生物反応による下水管腐食についても同様の温度依存性が考えられます。このため、一時代前に比べて下水道管の腐食速度はかなり増大していると考えられます。

もう一つの原因は下水中の有機物濃度の上昇です。節水は下水温度を上昇させるだけでなく、下水に含まれている有機物濃度を上げている可能性があります。有機物濃度が高まると管壁への付着物が増えて反応量が増え、腐食速度が促進する可能性が増大します。

節水以外の水温上昇原因

残念ながら、このような下水の温度上昇と濃度上昇による下水道管の腐食促進の程度については実証的な研究は見当たりません。資産管理として下水道管の腐食を考えた時には、長寿命化を妨げている下水の温度や濃度の上昇を抑制する努力が求められるべきです。

最初に行うことは、過度の節水を是正することです。節水することによって下水道管きょの余寿命を縮めているのはいかがなものかと思います。まずは、下水温度上昇と下水道管寿命の因果関係を明らかにする必要があります。

一方、下水道管から下水熱をヒートポンプでくみ上げて暖房などに利用する事業は、結果的に下水水温を下げることになるので、水温上昇による腐食を遅らすことになります。逆に、下水道管に熱を捨ててビルを冷房する事業は下水温度を上昇させることになります。

ビルごとの個別循環による下水再生水利用は、ビル排水の水温を上昇させるとともに下水濃度も上昇させて下水道管の腐食を促進している可能性があります。逆に、合流式下水道は、雨水流入時には下水温度低下と濃度減少の両面から下水道管を延命しています。

節水のプラス効果

節水による下水の温度上昇と有機物濃度上昇は、下水道管にとってはマイナス効果ですが、下水処理場にとってはプラスの効果もあります。沈砂池や最初沈殿池の臭気濃度や機器腐食にはマイナスに働きますが、エアレーションタンクでの活性汚泥による生物処理では、水温が上昇すると生物反応速度が増加して浄化能力が促進されます。温度依存性の強い硝化反応も進みますので高度処理にも有利です。有機物濃度についても、濃度が高まると生物反応速度が高まり、処理効率が増加する可能性があります。流入下水有機物濃度の上昇は炭素源ということでは、高度処理の運転は安定する方向に働きます。

ＢＯＤ測定法の疑問 〜合理的な下水処理場運転に向けて〜

Ｎ‐ＢＯＤ

ＢＯＤ（生物化学的酸素要求量）は、写真のような下水処理場放流水の排水基準値として用いられていて、溶存酸素の存在下で水中の分解可能な物質が生物化学的に安定化するために要求する酸素の量とされています。下水道法では技術上の基準としてＢＯＤ濃度一〇〜一五ミリグラム／リットルを定めています。ＢＯＤの測定法としてはＪＩＳで定められた公定法があり、採水してから五日間、二〇℃で培養し、この間に消費された溶存酸素量からＢＯＤを算出します。このＢＯＤには微生物が有機物を酸化するのに必要とするＣ‐ＢＯＤと硝化細菌が窒素化合物を酸化するのに必要とするＮ‐ＢＯＤの二種類があり、両者を合わせた値をＴ‐ＢＯＤと呼びます。

Ｎ‐ＢＯＤは水の汚れを表わさない

現在、下水処理場放流水はＴ‐ＢＯＤで規制されていますが、これが問題になっています。というのは、昔は下水処理場の処理能力が不足して放流水のＢＯＤ濃度が二〇ミリグラム／

下水処理場放流水（2005年）

リットルを超えることもありました。この場合にはN-BODの影響はほとんど問題になっていませんでした。しかし、下水道が普及して下水処理場の処理が安定すると、標準活性汚泥法ではT-BODは一桁台に達することがあるほど浄化が進みました。すると、下水処理場の水温が高く、低負荷の条件下ではエアレーションタンクで硝化が進み、結果として硝化細菌が下水処理水中に多数含まれることになりました。こうなるとBOD測定において、増殖した硝化細菌が作用してN-BODが増加し、C-BODは十分低下しているにもかかわらずT-BODは増加してしまう新たな問題が生まれました。

硝化細菌を殺す

N-BODの影響を抑えるために硝化細菌を減らすには、下水処理水に次亜塩素酸ナトリウムを注入する方法があります。次亜塩素酸ナトリウムは大腸菌群数を抑えるために注入しますが硝化細菌も減らすことができます。もう一つの方法は硝化抑制です。これは、エアレーション量を減らしたり流入負荷濃度を増やしたりして硝化細菌の増殖を抑えるものです。これでN‐BODは減少しますが、次亜塩素酸ナトリウム注入は、公共用水域に必要以上の塩素を放出することになります。硝化抑制は、標準活性汚泥法による水処理能力をあえて落とすことになります。その結果、放流水中のアンモニア濃度を上げる傾向になりますが、塩素もアンモニアも水生生物にとっては有害です。

この*BOD測定に関する不合理は以前から指摘されていて、欧米ではN‐BODの影響を除くためにATU等の硝化抑制剤を注入して硝化細菌を減少させC‐BODだけを測定するようにしているところが多いです。日本では、依然としてT‐BODで規制しているため、C‐BODとN‐BODの両方を表記しているところもあります。（*「BODに想う（一）（二）（三）（四）」『月刊下水道』一九九四年四月号から七月号）

省エネ運転の障害

下水処理場の管理は、環境基準が一定水準で達成できたところでは放流水質と維持管理コストの両方を意識した二軸管理方式に移行しつつあります。人口減少や節水で下水処理場の負荷が漸減傾向にあるところでも、放流水質と維持管理コストのバランスは重要です。特に、運転管理を委託している場合、下水道法の技術上の基準のＴ－ＢＯＤ一五ミリグラム／リットルを管理目標に掲げているところが多いですが、目標を実現するためにはＮ－ＢＯＤの変動を考慮して管理目標値に余裕をもたせざるをえない実態があります。その結果、送風量を制御する省エネ運転に挑戦しにくくなります。

規制値の再検討

海や川が汚染されていて、下水処理場も十分な水処理ができない昭和の時代にはＮ－ＢＯＤの影響は無視できました。しかし、現在ではＣ－ＢＯＤが小さくなった分、Ｎ－ＢＯＤの影響が大きくなりました。Ｎ－ＢＯＤの原因になっている硝化細菌自身は水質汚染の原因ではありません。したがって、規制値をＴ－ＢＯＤからＣ－ＢＯＤに切り替えることが望ましいです。しかし、規制側からすると規制値はデータの一貫性からも簡単には変えられません。

一方、下水処理場のような社会インフラは工学的に合理的な運転、運営をすべきです。それがＢＯＤ測定法の影響を受けて塩素を過剰に放流したり、必要以上に低いＢＯＤ目標値を目指さざるを得ないようでは目的と手段を取り違えているといわざるを得ません。ＢＯＤ排水基準値の問題は、規制当局と下水道部門との議論にとどめるのではなく、二酸化炭素排出量抑制など各界を巻き込んだ議論にすべきです。

悪臭防止のいろいろ ～宇宙から家庭まで～

悪臭防止の誤解

地方公共団体職員向けの講演会を開催する際、話の導入を兼ねて最初に簡単な小テストをしてみました。その問いの中に下水道法の目的を選ぶ五肢選択問題がありました。正解は、「公衆衛生の向上」、「公共用水域の水質保全」、それに「内水氾濫防止」ですが、誤って「悪臭防止」を選んだ職員が予想以上に多くいました。悪臭は昭和四十六年（一九七一）に制定された悪臭防止法によって住民の生活環境を守る目的で工場・事業所の排気について規制されていますので下水道法の目的ではありません。悪臭防止は環境基本法の体系に含まれています。そこで、小テストの答えを間違えた理由について考えてみました。

悪臭苦情

市民から下水道部門に寄せられる苦情のうち悪臭苦情はいつも上位を占めています。生活の中で異常な悪臭を感じた時、悪臭は下水、という発想で寄せられるのでしょう。そもそも、下水道は旧式のトイレを水洗に変えて快適な生活環境を実現するために普及してきました。この公衆衛生改善の中には、当然悪臭対策も含まれていました。汚染した都市河川が発していた悪臭を改善したのも下水道でした。これらが誤解答の理由でしょう。法律上はともかく、悪臭を無くして公衆衛生を改善するのは下水道の大きな役割であることはよく理解できます。

大同大学前学長澤岡昭氏の講演(2015年)

宇宙船の悪臭防止

平成二十七年（二〇一五）の環境システム計測制御学会研究発表会ではＪＡＸＡ（宇宙航空研究開発機構）研究総括で大同大学前学長の澤岡昭氏が「二〇三〇年火星への旅〜長期閉鎖空間でのハイセツ問題」の特別講演をしました。その中で、国際宇宙ステーション内の無重力空間で排泄する時はトイレの処理が難しい、と述べました。排泄物の処理がうまくいかず、宇宙船の中に悪臭が充満して居住環境が劣悪になった事態も生じたことがあったそうです。澤岡先生は、高齢化が進むと、高齢者のハンディキャップの関係で、地上でも排泄にかかわる悪臭問題が起こるかもしれない、と指摘しました。悪臭対策は、工場や事業所を規制していた悪臭防止法の時代を経て、現在は家庭や介護施設など生活環境に密接した段階に入っています。

悪臭防止ニーズ

とすれば、下水道は公衆衛生の改善を目指していますので新しい悪臭防止ニーズがあるのかもしれません。例えば、ビルピットは都市の悪臭の大きな原因とされてきましたが、この件については、宅地内ということで下水道法は及ばず、建築基準法と悪臭防止法で対応してきました。しかし、実際のビルピットで悪臭問題が起こると、市民からの苦情は排水先の下水道公設マスから悪臭が発生しているとの一報から始まります。そのため、最初は下水道から悪臭が発生しているとみなされ、よく調べてみると近くのビルのビルピットが原因であったということが大部分でした。

ビルピットの悪臭対策では汚物・汚水を滞留させない、腐敗させない、という考えで、各種の悪臭防止装置が考案されて実用化しています。

災害時の悪臭対策

東日本大震災では、津波が残したヘドロなどスラリー状の液体廃棄物を下水処理場の一角に仮置きしていましたが、被災してから数カ月後に気温が上昇し始めると、仮置き場から猛烈な悪臭が発生して地域の大きな問題になりました。下水道関係者は悪臭源が下水処理場内にあることを確認し、シートをかぶせたり、消臭剤を散布したりしましたが悪臭は一向に収まりませんでした。結局、震災復旧で混乱するなか、仮設脱水機を持ち込んでヘドロを脱水処理して産業廃棄物として持ち出すことによって、約六カ月かけて悪臭発生源をなくすことができました。この問題は、一時はメディアや議会でも大々的に取り上げられて政治問題になりかねない勢いでした。気温が上がると悪臭問題が発生するということを把握し、早めの手当てと予防的な準備が必要でした。

下水道の新規事業

こうしてみると、下水道法の四番目の目的に汚水を原因とする悪臭防止を掲げてもよいのではないでしょうか。悪臭防止法が工場や事業場の悪臭防止を掲げているのに対して、市街から発生する汚水の悪臭の防止を対象にするのはいかがでしょうか。令和一年（二〇一九）から国土交通省で始まった「下水道への紙おむつ受け入れ実現に向けた検討会」は、高齢者が使用した紙オムツ処理を想定した新しい下水道機能創設の試みです。下水道事業の対象を悪臭防止という観点で高齢者対策や災害対策に拡張して取り込みたいものです。

管路内浄化システム　～次世代下水処理法～

下水処理の進化

これまでの常識にとらわれない発想の下水道は管路内浄化システムです。

そもそも、自然の水質浄化作用は河川や湖沼で行われています。水環境の中で育った生物膜や沈殿した底泥が有機物や栄養塩類を摂取するというプロセスで浄化が成り立っています。昔はこれで問題ありませんでしたが、人が集まり都市が拡大するにしたがって自然浄化能力だけでは足りなくなり、公共用水域の水質汚染に至りました。そこで一〇〇年前に、近代下水道を建設して汚水を収集し、浄化することになりました。このため、自然な水路を暗渠にして下水道管（管路）を布設するとともに下流に下水処理場が建設されました。下水処理法には主に活性汚泥法が採用されました。

活性汚泥法の限界

高度経済成長期以降、活性汚泥法の下水処理場は全国に普及し、公共用水域の水質汚染は比較的短期間に抜本的な改善がされました。これが下水道の常識です。活性汚泥法は都市部の下水を集約的に処理する方式として卓越した能力を示していますが、一方で大量の電力を消費し、大量の汚泥を発生するという課題もありました。この課題解決のために、下水処理技術の原点に立ち戻って、散水ろ床法や嫌気処理を見直す研究が展開しています。

この方向の一つに、管路内浄化システム、つまり管路自身による汚水浄化能力の向上を目指す研究があります。これは、道路の下に埋設されている下水道管の中で汚濁物質を一定程度除去して下水処理場の負担を減らし、現在ある集約的な下水処理場の省エネや汚泥減量化を図るものです。

管路内浄化施設の仕組み

これまでは、下水道管は下水を街から速やかに排除するためのものとして建設されてきました。このため、下水を下流に流し去る能力が重視されてきました。しかし、管路内浄化技術は管路に汚水浄化機能の一部を付加するもので、東京大学大学院新領域創生科学研究科の佐藤弘泰教授と積水化学工業株式会社との共同研究で進められている最新技術です。

これは直径二五〇ミリメートルの下水道管内に、管底から五センチメートルほど浮き上がった位置に追加水路を設け、流量が少ない時はこの水路だけで汚水を流下させます。その時、従来の管底は下水がなく空気にさらされています。流量が増加すると追加水路から汚水

管路内浄化システム実験装置（2017年）。左の樋に間欠的に下水を流すと底に敷かれたプラスチック繊維に付着している生物膜が活性化して下水を浄化する。右の樋は比較用の何も敷かれていない樋。

があふれて従来の管底部に落ちます。管底部にはスポンジ状の生物膜固定用担体が設置してあり、汚水はこれに触れて接触酸化処理されて有機物が吸着分解されます。その際必要とする酸素は汚水が追加水路から管底に落下する時、および、流量が少なく担体が空気に直接さらされる時に供給されます。このようにして一定程度浄化された汚水は下水管の管路勾配に沿って自然流下して下水処理場に到達します。生物膜は一定程度成長するとスポンジから剥離して汚水とともに下流に自然流下します。この際発生する汚泥量は、活性汚泥法に比べてはるかに少量です。写真は、以上の説明の浄化機能を検証するために、下水処理場内に設置された実験装置です。

管路内浄化の効果とリスク

この管路内浄化システムは、市民一人分の汚水を約五メートルの管路で処理できます。ただし、活性汚泥法ほど完ぺきではなく、一般の汚水をＢＯＤ六〇ミリグラム／リットル程度まで低減します。したがって、このままでは公共用水域に放流することはできません。そこで、既存の下水処理場内に凝集沈殿設備、滅菌設備を設けて放流基準を満たすことになります。

管路内浄化システムは常時管路内で汚水を浄化しているので、合流式の場合には雨天時越流水による汚染が緩和されます。また、下水道管から発生する悪臭も減少するでしょう。さらに、市民の身近な位置で汚水浄化することから見える下水道、見せる下水道のコンセプトに近づくことが期待できます。

一方、リスクについては管路内に追加水路やスポンジを設置することによる流下能力の低下や異物による管閉塞などが懸念されます。追加水路自身の劣化や破損も心配です。また、管路に一定規模の汚水浄化能力を付加するには面的に整備する必要があり、既設管路を改善するにしても面的に効果を発揮するまでにかなり長期の期間が必要となります。そして、施設が完成したとしても、さらに効果を長期間持続させるためには、従来の下水管以上の維持管理努力が必要となります。

ベトナムの実験

平成二十九年（二〇一七）時点で、管路内浄化実験システムは積水化学工業滋賀栗東工場内とベトナムの数カ所に大規模実験設備が設置されていて長期間運用のデータを蓄積してきました。このような簡素で革新的な新技術を、まだ下水道の普及が十分でない開発途上国で検討することは意義があります。それは、下水道事業に着手してまだ下水処理場を建設していない下水道面整備の段階で管きょに管路内浄化システムを組み込むことができることです。管路内浄化システムは電力を必要としませんから、電力事情に問題のある開発途上国でも採用できます。

管路内浄化システムは日本で生まれた新しい下水処理技術で、これまでに下水道が目指してきた高性能で集約的な方向とは異なり、簡素で分散的な特徴を持つ次世代の技術です。これまでの下水処理の常識からは大きく離れているだけに、下水道の世界を変える可能性を秘めています。

理想の下水道 ～夢は実現する～

自動車の夢

平成二十八年（二〇一六）の話ですが、ある週刊誌で当時の日産自動車取締役副社長の坂本秀行氏は、これからの自動車の解決すべき課題として次の四点を示していました。

一．大気汚染
二．エネルギー枯渇
三．渋滞による都市機能低下
四．交通事故

そして、これらを解決するのは「電動化と知能化」であると述べました。この話題で思い出すのは、トヨタが掲げていた次の三つの近未来自動車像でした。

一．走れば走るほど空気をきれいにする自動車
二．事故を起こさない自動車
三．運転すると健康になる自動車

こうしてみると両社に共通するのは環境問題と交通事故対策です。いずれも、電気自動車、

自動運転、コネクテッド、シェアリングで対応可能です。一方、日産は「渋滞による都市機能の低下」を、独自の課題に上げています。記事では触れていませんでしたが、渋滞を緩和するには自動運転や渋滞センサー、相互通信機能を用いて自動車を群管理する方法があります。これに対し、トヨタが掲げた「健康になる自動車」の実現は難問です。一般に、自動車を運転しているとドライバーは座席に座ったままですから運動量は低下してメタボの原因になります。運転のストレスで疲れも生じます。自動運転技術が実現すると、運転による疲労は軽減することができますが、ドライバーの運動量を増やすことはできません。

健康器具

ところが、ある日、街で並走している隣の自動車の運転席を見たら、しきりに体を前後に動かしながら運転しているのに気づきました。信号で自動車が停止しても上半身を前後に動かしていました。著者の考えすぎかもしれませんが、運転中に運動不足解消のために少しでも体を動かそうとしているように見えました。これを見て、自動車に健康器具を搭載することを考えてみました。運転している時、乗馬のような運動感覚が得られると面白いです。自動運転技術が普及すると、運転しなくなったドライバーにどのようなあたらしい魅力を提供できるかが論点になる可能性があります。

理想の下水道

ちなみに、理想の下水道といえば、次の五点でしょう。

①　下水を浄化する下水道管
②　古くなるほど丈夫になる下水道管
③　下水処理場から電力供給
④　悪臭の出ない下水道
⑤　下水道が地域文化の中心に

この中で、①は前章で述べたように実験段階ですが、東京大学と積水化学工業株式会社で共同研究が進んでいます。②はコンクリート管やプラスチック管の常識に反しますが、錆びない鉄筋や使えば使うほど強度が増していくコンクリート材料が考えられます。まずは、小さいクラックなどは自己修復機能のある下水道管を目指すことになるでしょう。③はすでに一部の下水処理場で挑戦が始まっていますが、消費エネルギーを上回る産出エネルギーには至っていません。水処理方式を改善して省エネを進めたり、汚泥焼却炉発電などで産出エネルギーを増やすことが必要です。④は下水は流れていれば臭くはないものですが、市民の苦情が下水道の悪臭に偏在していることの裏返しです。できれば悪臭を防ぐだけではなく、森林浴のような良い香りを放出できると素晴らしいです。そして⑤は下水道の性格を大きく変えていく方向性を示しています。下水道が人の目から遠ざけられている現状を打ち破り、地域の自慢や誇りになり、何百年も大切に使われるようにとの期待を込めたものです。下水道文学、下水道絵画、下水道演劇など、市民の琴線に触れるものに近づきたいという思いも込められています。

トヨタ自動車は自動車交通システムを武器にして静岡県裾野市の工場跡地に未来都市「ウーブン・シティ」建設に取り組んでいます。令和三年（二〇二一）二月に行われた地鎮祭では、トヨタ自動車の豊田章男社長は「ウーブン・シティ」について次のように述べています。「人々の暮らしを支えるあらゆるモノ、サービスが情報でつながっていく時代を見据え、技術やサービスの開発と実証のサイクルを素早く回すことで、新たな価値やビジネスモデルを生み出し続けることを狙いとしている。」

下水道も次世代の課題に挑戦してほしいです。「夢は、叶う」ということです。

夢しか叶わない　〜点と点を結ぶ〜

新幹線からみた看板

「夢は、叶(かな)う」は希望につながる言葉です。ところが、ある時、東海道新幹線が静岡駅にかかるころ、ふと山側の車窓に「夢しか叶わない」という小さな看板が目をかすめました。「夢は叶う」はよく聞く言葉ですが、たしかに夢は持たなければ決して叶いません。これは当然すぎることでしたが、この看板を見るまでは気がつきませんでした。夢が叶うプロセスは、夢、構想、計画、設計、実施と続きます。しかし、夢の大部分は現実的な困難に直面してどこかの段階で消えてしまうことが多いものです。しかし、たまには実現することもあります。いつかは実現することもあります。いずれにしても夢は持たなければ夢自体がないのですから叶いません。

読み取れなかった文字

その後、新幹線で何度か同じところを通過することがありました。その都度、看板を写真に撮ろうと試みましたが、あまりにも小さくて一瞬のことなのでうまく撮れませんでした。

小さな看板には大きな感動がありました（2016年）

そこで、静岡駅に停車する「ひかり」に乗って新幹線が駅に近づいて徐行した時にタイミングを見はからってスマホを構えていたら、やっと上にあるような写真が撮れました。そして、その写真を拡大してみると、「夢」の文字の右上に英語で「Dare to Dream」と書かれた小さな文字も読み取ることができました。これは、「あえて夢を持つ」という意味です。「夢しか叶わない」と同義語です。

スティーブ・ジョブズ

この日本語と英語の二つの言葉を並べると、「奇想天外で無謀なように見えるかもしれないがあえて夢を持つ。するとそのうちのほんのわずかかもしれないが夢が叶うかもしれない。人生はこれを信じるしかない。」という解釈ができます。この言葉は、アップルの創始者で伝説の人スティーブ・ジョブズの有名な言葉、「未来を見ながら点と点を結び付けることはできない。つながりは過去を振り返った時に初めてわかるものだ。だから点と点がいつかどこかで結び付くと信じるしかない」に通じるものでした。

感動を胸に

では、夢を持つにはどうしたらよいのでしょうか。それには、好奇心と知識、それに感動が必要になります。普段から自分の担当している仕事だけを考えるのではなく、好奇心を抱いて他分野の仕事、他の地方公共団体や会社の動き、過去と未来、など幅広く関心を持って情報収集に努めましょう。そのためには、関連する知識も必要です。第三編で述べますが、例えば、顕微鏡で細胞を見ても細胞の知識がないと模様のように見えるだけで、それが何であるかはわかりません。「不知不見、知ってるものしか見えない」という格言がありますが、知識が少ないと理解の範囲は極端に狭くなるものです。

そして感動です。感動は自分の心の中にすごさの価値基準を持つことです。これができれば感動は自然に生まれてきます。好奇心は感動の入り口で知識は事実の積み重ねです。そして感動は人の心の動きの出口です。ですから感動は人を変えることができるのです。細胞が生命の根源とすれば、顕微鏡をのぞく時、そのすごさには背筋を伸ばして感動しなければなりません。

3.「下水道技術経営の変化」

下水道整備が進んだことにより、維持管理の新たな時代を迎えています。下水道コンセッションは浜松市で始まりましたが、運営に特化したこれからの展開が期待されます。官民連携を確実なものにするには、下水道をマーケティングの視点でとらえ、システム工学の手法でモニタリングすることが肝心です。近代下水道が幕開けて百年、下水道に新たな市場創造的イノベーション出現の舞台が整いました。

下水道の非常識　～常識の行方を考える～

遠近法

絵画の遠近法は、遠方は小さく、近くは大きく描く透視図遠近法が一般的です。しかし、他の手法もあります。

まず、空気遠近法です。これは、近くのものははっきりと、遠くのものはぼんやりと描くことで遠近を表現します。色の濃淡を用い、近くのものの色を濃く、遠くを薄く描くのは空気遠近法です。色彩遠近法では、近くのものは暖色系を用い、遠くのものは寒色系を用います。そもそも、空は青く花は赤く、という普通の景色の感覚があるようです。変わったところでは上下遠近法なるものもあります。上のほうは遠方を描き、下のほうは近くを描くと自然に遠近感が表現されます。これも自然の景色の延長です。上下を逆転するとシュール（超現実的）な絵になってしまいます。

常識と非常識

このような各種遠近法は人の常識にもとづいています。言葉を換えれば、人の長い経験にもとづいています。空は空気分子の散乱によって青く見えること、そして空は上にあり地上は下にあることは客観的な事実にもとづく常識です。しかし、遠くのものが小さく見えるのは、物が小さいのではなく人が見て小さく感じるからです。こちらは感覚的で主観的な常識です。そもそも常識とは当たり前のことで、その都度考える必要がないので日常生活では便利なものです。しかし、状況に大きな変化が起こったり新しい技術を開発したりする時には、この常識が足かせになることがよくあります。常識や既成概念があることにより思考停止して状況の変化に対応できないことや、ものの基本的な性質を見抜けないことがあります。

下水道の夢

近代下水道は百余年前に始まりました。当時は画期的な技術でしたが、今では常識です。電気や鉄道、自動車も今では常識です。そのため、このような社会インフラに疑問を持ち、原点に返って考えることはかなり難しいことです。それはそれでよいのですが、この本を読んでいただいている下水道のブレイクスルーを期待している読者にすれば、やはり下水道の常識を一度捨ててみる必要があるのではないでしょうか。それには遠回りに見えますが、常識が作られてきた下水道の歴史を学び、その上で常識にとらわれないで現在の下水道の問題点を掘り起こすことが大切です。しかし、それ以上に大切なのは下水道に夢を持つことです。

それも、簡単にはかなえられそうもない夢を持つ、夢を持てるか、ということです。

非常識を理解する

寝ている時に見る夢は、時間や場所、登場人物が断片的でとりとめのないものです。いわば飛躍のある不条理なものですが、その不条理、非常識が魅力的です。

そもそも、常識という価値観は相対的なものです。ある条件の下では常識であることが別の条件では非常識になるということです。遠近法の常識を反転するとシュールな世界が描けるのはこの例です。また、私たち日本人は例外なく水や緑に安らぎを感じますが、モロッコの砂漠地帯にある都市マラケシュに行ってみて、街全体のビル建物の外壁がマラケシュレッドというピンクに近い赤茶けた色彩で覆われていることに驚きました。砂漠の国で生まれ育った人々は砂漠の風景と重ね合わせてこのマラケシュレッドに安らぎを感じるそうです。常識は相対的で、生まれ育った環境によっても異なるのかもしれません。そこで、常識をひっくり返すと新しい世界が現れる、という期待が生まれます。

下水道の非常識

下水道の世界でも非常識と思われる技術開発が進行しています。東京都が進めている嫌気槽・同時硝化脱窒処理法は、従来の高度処理の考えを大きく変えるような水処理法です。これまでは、嫌気槽、無酸素槽、好気槽を流下方向に配置して長時間かけて窒素・リンを除去していました。それを、新しい方法は深層エアレーションタンクの旋回流を利用して、旋回流の回転する断面の各部分で短時間に硝化・脱窒・脱気を進めます。このため、必要空気量や敷地面積を大幅に削減できます。汚水は流下方向のタンクモデルで反応するという一〇〇年来の常識を、流下の垂直断面で短時間に各種反応させるという非常識な発想で挑戦した成果でした。

市場創造型イノベーション ～変革のメニュー～

繁栄のパラドクス

著者は、ハーバード大学ビジネススクールの経営学者クレイトン・クリステンセン教授が平成九年（一九九七）に『イノベーションのジレンマ』を発表して以来、新著が出るたびに当時関わっていた下水道の技術開発業務に関連付けながら注目してきました。残念ながら教授は令和二年（二〇二〇）一月に逝去されましたが、この二三年間、企業や教育、医療など多分野でイノベーションを論じてきました。教授が新しい分野でマーケティングや技術経営を論じるたびに、大いに啓発されました。結果的に遺作になったのですが令和一年（二〇一九）夏に発表された『繁栄のパラドクス』はこれまでの研究の総まとめ的な意味合いのある本です。同書によれば、イノベーションは技術発展の基本で、どんなに優れた技術でも、時間が経つと環境が変化して陳腐化します。その時に次の新しい技術が求められ、イノベーションが生まれるのですが、新しい技術は不連続的に現れます。この新技術の現れ方として次の三種類のイノベーションを解説しています。

持続型イノベーション

これは、現有のプロダクト／サービスに、より高いパフォーマンスを改善的に加えることで実現します。iPhone11の顔認識や超広角に撮影できるトリプルカメラ方式がこれに当たります。クリステンセン教授は持続型イノベーションの事例として米国におけるトヨタ自動車のカムリを挙げています。カムリは米国で過去二〇年間に一九回もベストセラー車を獲得しました。カムリは米国のファンの心をしっかりとつかみ、大きなモデルチェンジをすることなしに持続型イノベーションを繰り返して毎年四〇万台前後の車を売り続けてきました。これは米国の自動車市場からみると驚嘆に値するそうです。日本が得意のイノベーションの型です。

効率化イノベーション

第二の提案の効率化イノベーションは「企業がより少ない資源でより多くのことを行えるようにすること」と定義しています。具体的には、プロダクト／サービスの「プロセス」に着目したイノベーションを指しています。効率化イノベーションの結果、生産性が向上してコストが下がり、競争力が増してキャッシュフローが増えます。ただし、効率化イノベーションの一つであるアウトソーシングを進めると雇用機会が小さくなります。持続型イノベーションや効率化イノベーションは事業の競争力と活力を維持するのに有効ですが、新しい成長エンジンを生み出すことはできません。

前章の同時硝化脱窒処理法は高度処理の効率化イノベーションに相当します。

市場創造型イノベーション

第三の提案は市場創造型イノベーションです。それまでプロダクト／サービスが存在していなかったか複雑で高価すぎて手に入らなかった消費者に簡素で安価なプロダクト／サービスを提供することで、新しい市場を作り出すことです。誰もが気づいていないプロダクト／サービスを生み出すのですから難しいです。ここではゼロから生み出す能力と既存の組織へ提案できる二つの能力が必要になります。市場創造型イノベーションの効果は大きく、一企業にとどまらず産業の基盤強化につながります。クリステンセン教授は市場創造型イノベーションの事例として一〇〇年前のT型フォードの出現を示しています。T型フォードは大量生産方式でコストを下げ、庶民のマイカーの夢を実現して米国のライフスタイルを変え、自動車文明を作り出しました。

日本のベンチャー企業・WOTA株式会社が令和二年（二〇二〇）に発売した自律分散型ポータブル手洗い機は、既存の上下水道システムに挑戦する市場創造型イノベーションです。

この手洗い機は排水をフィルターで浄化して再利用します。その際、排水の汚れ具合をセンサで計測し、ＡＩで、捨てる水とフィルターを通して再利用する水に選別します。この技術で再生水回収率は九九パーセントになりました。水道管のない水道に注目しています。

三つのイノベーション

市場創造型イノベーションは将来の成長を生み出すプラットフォーム（土台）です。これに対して持続型イノベーションと効率化イノベーションは土台の上で事業の活力を保ち、前進させる役割があります。Ｔ型フォードを世に出したヘンリー・フォードは、市場創造型イノベーションは得意でしたが持続型イノベーションは苦手でした。そのため、Ｔ型フォードは、持続型イノベーションや効率化イノベーションが得意のＧＭやクライスラーモーターが出現すると急速にリーディングカンパニーの地位を失うことになりました。三種類のイノベーションはそれぞれの発展段階で重要である、というのが同書の結論でした。

流域下水道の経営診断

著者は、『繁栄のパラドクス』を読んだ後、令和一年（二〇一九）夏にある県の流域下水道の下水処理場経営診断を依頼されました。そこで、現地調査をして関係職員からヒアリングをしたうえで報告書を提出しました。経営診断をするにあたっては、前記の持続型イノベーション、効率化イノベーション、市場創造型イノベーションの考えを参考にしました。つまり、「持続型改善」は既存の枠組みを深めて下水道の新しい価値創造には触れない改善、「効率化改善」は既存の経営資源を活用してプロセス変革を進めて下水道の体力を強める改善、それに「市場創造型改善」は現状を越えて他分野に進出し、下水道の新たな付加価値を創造する改善と定義して、それぞれについて経営分析を行いました。

持続型改善イノベーション

現地調査ではポンプや送風機の主要機器がかなり低稼働率であることに注目しました。これらの主要機器は全体計画に準じて計画的に設置されてはいるものの、人口減少や節水機器の普及で下水道使用料が増えない状況にあるので、一部を積極的に休止したほうがよいと考えました。また、規模の小さなオキシデーションディッチ式の下水処理場にも宿直のかたちで夜間に職員を配置していましたので、思い切って無人化に変更して遠方監視に切り替えることを推奨しました。

さらに別の下水処理場では、朝方に限って魚市場関連企業から高濃度汚水の流入があり、その対応に何十年も特殊な下水処理方式を採用していたので、その企業に対して市と協力して排水に対する指導を十分に行い、条例に基づく除外施設を整備させて、当該下水処理場では通常の活性汚泥法で対処する道筋を提案しました。

効率化改善イノベーション

県内に分散配置してある下水処理施設、とりわけ汚泥脱水施設は集約化が必須でした。施設間距離が一〇キロメートル以内なら汚泥を圧送することができます。それ以上離れていたり、小規模で汚泥量が少なければタンクローリー車による輸送が現実的な方法です。脱水機は集約して連続運転し、稼働率を上げることが必要です。

さらに、下水処理場内の将来用地有効活用も課題です。河川水位異常上昇時にのみ使用する放流ポンプは稼働率が極端に低いので、将来用地を活用して素掘りの貯留池を作り、そこに雨天時の下水を一時貯留し、河川水位が低下したら沈砂池に戻すことによって放流ポンプを廃止することを提案しました。

市場創造型改善イノベーション

たまたま、調査対象の下水処理場の隣で同規模の水産加工共同排水水処理施設が稼働していました。この施設は民間の特定施設でしたが、この施設を流域下水道に取り込む提案をし

下水処理場に隣接している水産加工共同排水水処理施設（2019 年）

ました。民間の特定施設を下水処理場に取り込むことは、一般的には非常識です。しかし、規模のメリットと河川の水質保全という点では合理性があります。建設時期や建設資金の関係があるかもしれませんが、隣接して二つの下水処理施設が別個に運転しているのはいかにも不自然です。このような類似のインフラは再編成して一体的に管理すること、つまりバンドリングが望ましいです。もちろん、財政上や法制度上の難しさはありますが、市場創造型イノベーションの考えに近いインフラの再編成のさきがけと位置付けました。企業でいえばＭ＆Ａ（企業の合併と買収）です。

以上の三種類のイノベーションは、地域性や老朽度に応じて実施時期を使い分けていく必要があります。下水道経営でも、持続型改善、効率化改善を日常的に進めて事業の活力を保ちつつ、将来の土台となる市場創造型改善に挑戦するバランス感覚が大切です。

定員管理の現状 ～行政の目的～

効率化

行政の目的は市民の安全確保と生産性の向上です。

生産性は、投入労働力に対する生産高で定義されますが、生産性を向上させるには定員削減が有効です。そこで、地方公共団体は地域の実情を踏まえ、適正な定員管理に取り組むことになっています。以下、総務省が令和二年（二〇二〇）三月に発表した地方公共団体定員管理調査統計表を分析してみました。

表に示すように、この調査によると平成六年（一九九四）から平成三十一年（二〇一九）までの二五年間に地方公共団体の定員は全体で一六・五パーセント五四万人余も減少しています。そのうち、普通会計では一般行政と教育が二〇パーセント台前半の減員であるのに対し、警察・消防は一〇パーセント台前半の増加となっています。これは、一般行政がＩＣＴや行政改革でスリム化しているのに対して警察・消防は国の法令等によって職員の配置基準が決められていて防災組織基盤の充実・強化などが進められて増加しているからです。見方を変えれば、警察・消防は、地方公共団体が独自に定員管理しにくい部門です。

平成31年地方公共団体定員管理調査統計表（人）

（総務省自治行政局 平成6年増減比）

区分			平成6年	平成31年	増減率%
普通会計	一般行政	一般管理	699,878	554,104	▲20.8
		福祉関係	474,636	368,660	▲22.3
		小計	1,174,514	992,764	▲21.4
	教育		1,281,001	1,014,962	▲20.8
	警察		253,994	289,849	14.1
	消防		145,535	162,076	11.4
	計		2,855,044	2,389,651	▲16.4
公営企業等会計	病院		216,538	202,966	▲6.3
	水道		70,912	42,912	▲39.5
	下水道		41,875	25,886	▲38.2
	交通		47,205	20,055	▲57.5
	その他		50,913	59,183	16.2
	計		427,448	351,002	▲17.9
合計			3,282,492	2,740,653	▲16.5

水道・下水道、交通

公営企業等会計は、独立採算を基調として効率的な企業経営の観点から適正な定員配置を強く求められている部門です。そのため、水道、下水道は両者ともほぼ同様の三〇パーセント台後半の減員となっています。これに対して病院は六・三パーセントのわずかな減員にとどまっています。これは、高齢化社会に入って患者数の増加や診療体制の強化によるものでしょう。コロナ禍では病院の減員が批判されていましたが、地方公共団体ベースでは平均を大きく下回る減員でした。一方、交通は五七・五パーセントと最大の減員を示しています。これは、この二五年間に地方の公営交通が衰え、撤退や民営化が進行していることを示しています。

仕事の質の変化

以上、地方公共団体は二五年間で平均一六・五パーセントの定員減を進めてきましたが、その内容は分野ごとに異なり、スクラップ・アンド・ビルドが進んでいます。そして今後も新しい行政需要が生まれるでしょうから既存の分野である水道、下水道の定員はまだ減少を求められることが推察できます。定員減に対応するには広域化や共同化、官民連携、新技術導入を進めて職員の仕事の質を変えていく必要があります。また一方では、警察・消防型のように市民の安全・安心に力を入れて一定の定員を確保する戦術も必要です。地下水の管理や排水設備、悪臭防止、下水汚泥と産業廃棄物との混合処理などの市場創造を意図した新規分野への進出も考慮する必要があります。

公営交通の衰退

なお、公営交通事業はこの数十年間で自家用車との競争に敗れて大幅な定員減となりました。具体的には、鉄道やバス事業を撤退したり民間交通事業者に移管したりしました。このように公営交通が撤退していくなかで、コンパクトシティ構想が予定どおりに進まなかったり自家用車を運転できない高齢者が増加するなど、地域の弊害が現れてきました。そのため公営交通の価値が見直され、平成二十六年（二〇一四）には地域公共交通活性化再生法が改正されて、それまでの民営化重視から交通政策をまちづくりと連携して都市機能を増進するように方向転換を図ることになりました。この動向から読み取れることは、公営企業にとって生産性向上は必要ですが、同時に地域の特性を大切にすることや、まちづくりの中に交通事業を組み込む点をおろそかにしてはいけないということでした。下水道でも広域化や包括委託、官民連携などの進展で地方公共団体の定員は減り続けていますが、過度に減員することは避け、都市、地域社会は変化していますから組織を再編成して職員の仕事の質を高め、定員管理の到達点を見定めることが必要です。

下水道コンセッション～下水道経営の進化～

下水道コンセッション

浜松市の西遠浄化センターは昭和六十一年（一九八六）に静岡県の流域下水道として供用開始しました。その後、平成一七年（二〇〇五）に平成の大合併で全流域が浜松市に編入され、西遠浄化センターは一〇年後の平成二十八年（二〇一六）に浜松市に移管されることになりました。このため、浜松市は平成二十三年（二〇一一）と平成二十五年（二〇一三）にコンセッションに関する事業調査業務を発注して準備を進め、平成二十六年（二〇一四）にはいわゆる下水道コンセッションの導入を決めました。平成二十八年（二〇一六）に西遠浄化センターが県から移管されると、最初の二年間はレベル三の包括委託をし、その間に運営権者を浜松ウォーターシンフォニー株式会社に決め、平成三十年（二〇一八）四月に日本で初めて下水道コンセッションを開始しました。そこで著者は、現場が落ち着いたころを見計らって西遠浄化センターを訪問しました。

浜松市西遠浄化センター（2019年）

西遠浄化センター概要

下水道コンセッションの対象は西遠浄化センターと中継ポンプ場二カ所の設備機器が中心です。料金徴収業務や管路、土木構造物は含まれません。センターの処理能力は日量二〇万立方メートルで下水処理方式は分流式の標準活性汚泥法で、汚泥処理は脱水、焼却です。流入汚水量は日量約一五万トン、発生脱水汚泥量は日量約一一〇トンで静岡県最大の下水処理場です。

コンセッション財務概要

コンセッションの事業期間は二〇年間で運営権対価は二五億円です。運営権対価は前払い金として事前に四分の一が浜松市に支払われ、残金は分割で毎年払い込まれます。万一、運営権者が途中で契約解除する場合には前払い金は返金されません。一方、運営権者は浜松市から利用料金として下水道使用料の二三パーセントを受け取ります。運営権者は下水道使用料の決定権限を持っていませんが、事業環境に著しい変化が発生した場合には市に対し利用料金設定割合の改定協議を求めることができます。また、運営権者は事業期間中五年に一回、使用料等および利用料金設定割合について市に対する提案権限が与えられています。

改築更新工事

事業期間の途中で発生する設備機器の改築更新工事については、運営権者が五年ごとに改築計画を策定し、浜松市と協議して実施します。国庫補助金は従来どおり浜松市が国土交通省に対して予算要望、全体設計、交付申請を行います。改築更新工事では、運営権者は工事費の一〇パーセントを負担することになっています。工事費の一部を負担させるのは、運営権者が設備投資に対する一定の責任を持つことを期待するためです。事業期間が終了した時点で改築更新した設備に残存価値がある場合には、浜松市は運営権者に対して負担した分の残存価値を返金します。なお、運営権者は、事業期間の最初の五年間は浜松市が作成した改築更新計画を基に浜松市と協議し、これに沿って行うこととしています。

普通の下水処理場

西遠浄化センターを訪れた第一印象は「普通の下水処理場」というものでした。五〇〇〇点もの設備機器を有する下水処理場ですから改善したい箇所は多々あるはずです。コンセッション初年度の改築更新は散気板更新工事です。散気板を更新すればエアレーションタンクの酸素移動効率が向上して送風機電力を節約することができます。汚泥処理ではいずれ老朽化した焼却炉を更新する必要がありますが、更新して新型焼却炉を導入すれば補助燃料は不要になるでしょう。これらの改築更新は経営改善に結びつき、VFM（バリュー・フォー・マネー）の向上に貢献します。経営資源はヒト・モノ・カネといわれていますが、運営権者である浜松ウォーターシンフォニー社はコンセッション以前より少ない人数で維持管理を行い、そのうえ計画や設計、工事もこなしています。コンセッションが始まるとすぐに電力会社を中部電力株式会社から関西電力株式会社に変更してコスト削減を図りました。資金は、これまでの単年度主義予算に縛られないで効率的に債務負担工事を発注して有効活用しています。日常の修理や点検は、できるだけ外注をしないで社員の直営でこなして経費削減に努めています。その結果、令和一年度の決算では二億円近い純利益を生み出すことができました。

労働安全

コンセッションで最も注意すべきリスクは不測の事故です。事故を起こすと社会的評価が低下するだけでなく、経済的損失も大きいです。著者が西遠浄化センターを視察した際は、視察する前に現地責任者からパソコン画面を見せられ安全教育を受けました。その後、受講確認書にサインをして初めて現場へ出ることが許されました。著者は、これまでに多くの現場を見てきましたが、このような経験は初めてでした。優れたルールです。サインをすると気が引き締まるし、運営権者の労働安全に対する厳しい姿勢もうかがえて好印象でした。

リスク対応

コンセッションの要点はリスクマネジメントです。施設のリスクを抽出して適切に対応することが必要です。南海トラフ地震で想定される津波に対して、電気棟は水密化されており、西遠浄化センターの海側は静岡県が沿岸防護提を構築することになっていて、令和三年（二〇二一）完成予定でした。津波災害の点で目についたのは送風機棟の状況でした。送風機棟は半地下室になっていて、万一津波に襲われた時には送風機本体が浸水してしまいます。送風機棟の状況を見た時、仙台市南蒲生浄化センターが東日本大震災で津波被害を受けた時の光景が重なってきました。仙台市では半地下の送風機棟の窓から海水と共に防風林であった松の幹まで流れ込み、送風機室が完全に水没してしまいました。半地下室の送風機室をかさ上げするのはかなり困難です。とりあえず現状のまま使用するしかありませんが、対策が必要です。東日本大震災の時、南蒲生浄化センターは仮設の送風機を外部から持ち込んで急場をしのぎました。西遠浄化センターでも次善の策として被災直後の簡易処理放流や仮設送風機による中級処理をＢＣＰの中で検討する必要がありました。

人材育成

下水道コンセッションは民営化ではありません。下水道事業の最終的な責任は浜松市にあります。したがって、浜松市は下水道コンセッションがうまくいかなくなった時や、事業期間が終了して次の下水道コンセッションに移る時のために、これまでとは異なる人材育成を進めなければなりません。組織も整備しておかなければいけません。この種の対応は、日本では初めて取り組むもので研究の余地があります。運営権者側でも下水道コンセッションを成功させるために社員に対して、包括委託業務では経験したことのない長期的な人材育成に取り組む必要があります。いずれも初めてのことで、試行錯誤がしばらく続くものと思います。

所有と運営の分離

今回の浜松市の事例は下水処理場を県から移管されたことを機会に下水道コンセッションを導入するという特殊なケースでした。しかし、導入過程で行われたさまざまな対応はどこの下水処理場でも直面している職員不足（ヒト）、改築更新（モノ）、下水道使用料低減（カネ）、という経営資源の課題でした。コンセッションは、所有と運営の分離という新しい経営形態です。分離することにより、民間企業の経営ノウハウや人材の活用が実現しました。また、いずれも進行中ですが、当面下水道コンセッションを導入する可能性のない地方公共団体でも大いに参考になる解決策が多々見受けられました。浜松市の挑戦を学び、読者の課題解決のヒントとなることを期待します。

究極のモニタリング ～システム工学的アプローチ～

概要

下水道コンセッションにおいて、モニタリングは事業を円滑に進めるうえで非常に重要な機能です。

浜松市の下水道コンセッションでは、モニタリングは管理者が行う管理者モニタリング、運営権者が行うセルフモニタリング、それに第三者委員会で行う第三者モニタリングで構成されています。国土交通省の「下水道における公共施設運営事業等の実施に関するガイドライン」によると、モニタリングの対象は、実施契約および要求水準の達成状況や財務状況、改築工事関連、住民苦情などの業務情報など多岐にわたります。

モニタリングの方法は、定期的に行われる会議体でセルフモニタリングの確認、承諾、とりわけ流入水質、放流水質、電力使用量、故障修繕の状況など維持管理に関するものが中心に行われています。現地での確認行為や立ち入り検査もあります。

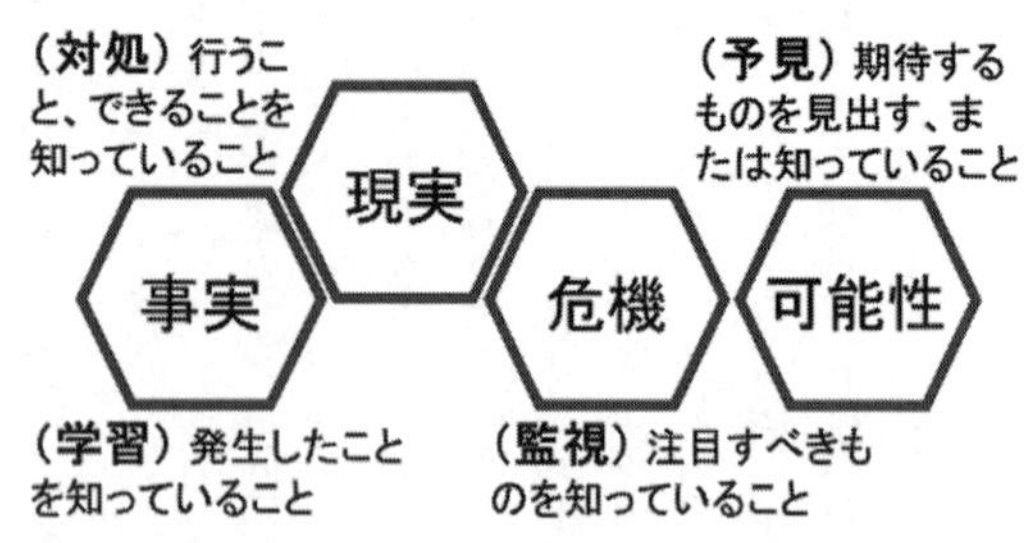

「実践レジリエンスエンジニアリング」
日科技連、2014 年、Eric Hollnagel、P.277

システム工学

システム工学的に考察すると、モニタリング（監視）は図のように＊「対処」「監視」「学習」「予見」という一連のプロセスの一部を構成していて、下水道コンセッションの内外の変化に対処するための引き金と定義できます。（＊『Safety-Ⅱの実践』Eric Hollnagel、海文堂、二〇一九年、五二頁）

ここで、「監視」は、作業環境や組織自身の内部で起きていることなどの現実に目を配ることであり、「監視」の結果は警報、警戒になります。もし、「監視」を省くと図の「事実」や「現実」に対して準備なしに「対処」せざるをえないことになります。

一方、「学習」は適切な事例から「事実」を探り出して教訓を得ること、「予見」は将来起こる「危機」や「可能性」を見出すことです。そして一連のプロセスの各要素は相互に関連しています。「対処」は「監視」に基づいて行われますし、「学習」がなければ「監視」は改善できず、変化に「対処」できません。そして、「監視」の改善に「予見」を加えると将来の変化にも備えてレジリエントに「対処」することができるようになります。

広義のモニタリング

このようにシステム工学的にみるとモニタリング（監視）は、下水道管理者が運営権者を管理・監督するためだけでなく、下水道コンセッションの性能向上、危機の予知、レジリエンス能力の獲得などにも活用できることがわかります。そのためには、予定外の事象に対処するため、国土交通省のガイドラインで記述しているモニタリングに基づく協議がポイントになります。つまり、下水道コンセッションの実施契約および要求水準の達成に加えて「学習」や「予見」にもつながるように協議内容を拡大することが大切になります。

そもそも、下水道コンセッションを下水道事業者の経営効率化としてとらえるだけでなく、官と民が連携して水インフラの新しい価値、すなわち「危機」や「可能性」を予見する能力を生み出す日本型下水道コンセッションを目指すべきであると考えます。

監督とモニタリングの違い

したがって、モニタリング（監視）の機能はいわゆる管理・監督にとどまらず新たな価値創造につながる道を探るべきです。そのためには、下水道管理者は新たな教訓や管理運営方法を下水道コンセッションに組み込むことができる総合的な能力、経験を身に着ける必要があります。運営権者は、限られた料金収入のなかで民間企業のノウハウ、活力を引き出し、官だけでも、民だけでもできない下水道コンセッションの成果を導く必要があります。

下水道コンセッションは下水道イノベーションの第一歩です。

下水道事業のゾーニング

大規模都市	中規模都市	小規模市町
ハイエンド	ミドルレンジ	ローエンド
財政安定	財政懸念	規模の不利益
技術者配置	技術者不足	技術者不足
新規参入困難	新規参入可	新規参入容易
改善最新技術	改善技術	イノベーション

下水道コンセッションのマーケティング
～規模に応じた戦略～

ゾーニング

前章で下水道コンセッションをシステム工学的に見てきましたが、次にマーケティングの視点で考えてみます。日本の下水道事業は表のように、規模に応じて大規模都市、中規模都市、小規模市町に分けることができます。これをマーケティングでは顧客セグメンテーションと位置付けてそれぞれをハイエンド、ミドルレンジ、ローエンドに分類します。ハイエンドは政令指定都市のなかの大都市グループです。ハイエンドは規模が大きいのでスケールメリットが働き、財政的に安定していて技術職員も十分に配置されています。ミドルレンジは政令指定都市の中規模都市グループや県流域下水道、中核市が該当します。ミドルレンジは都市の人口減少や施設の老朽化などに直面して財政的にやや厳しく、技術職員配置は恒常的に不足気味です。そしてローエンドは比較的規模の小さい一般市町を示します。ここは規模の利益が得られず、一般会計からの繰り入れが財政規模の多数を占めています。技術職員配置は、一部の市を除いて困難になっています。

マーケットとしての下水道

下水道コンセッションは、中核市の浜松市が平成三十年（二〇一八）に日本で最初に導入しました。宮城県流域下水道のみやぎ型管理運営方式は令和四年（二〇二二）の導入を目指しています。この二者はミドルレンジです。令和二年（二〇二〇）に下水道コンセッションを導入した高知県須崎市や、準備を進めている神奈川県三浦市はローエンドです。

下水道事業をマーケティング的に見ると、ハイエンドは高品質・高価格、高収益で既存の事業者がしっかりとポジションを占めていて新規参入者を寄せ付けません。技術的には改善的な最新技術が主役で、根本的にシステムを変更することは難しいです。逆に、ローエンドは低品質・低価格で運営権者の立場からみれば、事業規模、利益幅は小さいですが参入は比較的容易ですし、下水道コンセッションを機会に大きく姿を変えることが可能です。運営権者にとって、万一失敗しても傷は大きくありません。そして、ミドルレンジは適度な規模と適度なリスクなので運営権者は安定した収益が期待できます。事業所数の点では、ハイエンドよりも多数が見込めますのでハイエンドを上回る総事業量が期待できます。このため、ボリュームゾーンとも呼ばれています。

下水道コンセッションで浜松市や宮城県が先陣を切って始めたのは、首長の熱意が大きなインセンティブでしたが、それだけではなくボリュームゾーンという立ち位置から、リスクの少ない安定した収益が長期間期待できる状況にあったからです。そのために両自治体ともリスクの大きい管路や企業努力の発揮しにくい土木構造物を除いているのは賢明な判断です。

ローエンド

ローエンドに位置する須崎市は令和二年（二〇二〇）にコンセッションを開始しました。こちらはイノベーションの点で興味深いです。つまり、ローエンドへは参入のしやすさとともに画期的な新技術や新システムを導入しやすいとされています。しかし、規模が小さいのでミドルレンジほどの収益は期待しがたいです。そのため、須崎市ではコンセッションの対象に管路も含め、さらに漁業集落排水施設や一般廃棄物処分場なども取り込んでバンドリングで規模の拡大を図っています。下水処理技術も活性汚泥法にとらわれずにＢ‐ＤＡＳＨで開発したＤＨＳ（下降流スポンジ状担体）システムの最新技術を導入しています。まさに下水道のイノベーションにチャレンジしている姿が頼もしい限りです。

破壊的イノベーション

クレイトン・クリステンセンのイノベーション理論によれば、破壊的イノベーションはローエンドで生まれます。その後、ミドルレンジで育ち、ハイエンドへと上がっていき、最後は既存の技術体系を変えるような大規模な技術革新、破壊的イノベーションへと展開していきます。

理論と現実は必ずしも一致しませんが、下水道コンセッションが下水道経営変革の引き金になる可能性が見えてきました。実利のミドルレンジと挑戦のローエンドで始まる下水道コンセッションですが、その行く先はハイエンドです。歴史の教えるところによれば、ハイエンドは、いずれローエンドやミドルレンジで生まれた画期的な技術や経営手法が浸透していき、既存のシステムと置き換わります。どのように置き換わるかはさまざまで予想がつきませんが、下水道コンセッションが日本の土壌に合わせて進化しているのは間違いありません。

下水道事業をめぐる経営形態の変化には目が離せません。

4.「下水道の付加価値」

下水道には基本的価値と付加価値があります。基本的価値は百年来変わりませんが、付加価値は日進月歩で変化しています。都市施設として下水道マンホールと似ている電柱も時代の変化に応じた付加価値を提案しています。新幹線は感性価値を追求しています。これら、他事業の価値戦略を学んで下水道がどのような新しい付加価値を打ち出せるかが勝負です。それには環境未来都市の経済価値、環境価値、社会的価値を学ぶことです。

環境未来都市 ~三つの価値~

都市の価値

平成二十九年（二〇一七）に千葉県柏市で開催された第七回「環境未来都市」構想推進国際フォーラムで、都市が持続可能な成長を続けるには、①経済的価値、②環境的価値、③社会的価値の三つの価値の創出が必要であるとしました。これらの価値は、都市の環境問題、超高齢化問題に対応しつつ、それぞれが関連しあいながら環境未来都市を形成します。下水道の価値を考える時に、環境未来都市の視点は欠かせません。それは、下水道が都市インフラの一部であるだけではなく、他のインフラに比べて環境とのかかわりが大きく、多様で複雑だからです。下水道は普通の都市が環境未来都市へ展開する際、大きな役割を果たします。

経済的価値

経済的価値とは都市が持続して発展するために富を産出し続けるということで、雇用の確保や所得の創出、ナレッジエコノミーなどの新産業を生み出します。また、社会的コストの最小化を進めていくことです。下水道の面から経済的価値を考えてみると、整備コストや維持管理コストを低減することになります。省力化、省エネルギーもコスト削減という点で大切です。これまで、下水道は公共用水域の水質改善、水質保全を目指してきましたが、最近ではコストと効果の両方を目指す方向に移行しています。季節限定ですが高度処理能力を抑えてノリ養殖へ栄養塩類を供給する仕組みも開けてきました。他事業との連携で経済的価値を創出していこうという新しい動向です。

環境的価値

環境的価値は大気、水、土壌など、都市の環境を構成する基本的な分野の状態を改善し維持するものです。環境は、一度失うと回復に多大な費用と時間がかかります。具体的には低炭素社会や省エネルギー・資源循環社会を目指して気候変動を緩和し、水質汚濁や大気汚染の発生を防ぎます。都市の自然環境や生物多様性については、都市環境下で新たな課題が問われています。環境的価値については、すでに一定程度の成果が得られているとの認識ですが、低炭素社会や資源循環社会など、長期的に都市の仕組みを改善していく必要があります。また、これまでになかった新たな環境破壊が現れることもあるのでその対応に備えます。

社会的価値

社会的価値は漠然としていて分かりにくいですが、これは率直に社会をよくするためのものと理解するとよいです。この定義で見れば、市民の健康や福祉、防災や安全安心、社会的公平などが対象となり、その方策として医療、介護、消防、学校などの施設、制度がかかわってきます。下水道では、水系感染症の経路を遮断したり内水はん濫を防ぐ役割があります。市民の健康については下水道は十分機能していますが防災の面では雨水対策について近年の大雨に対応しきれていないという困難な課題があります。そもそも、雨水については気候変動の関係で大気中の水蒸気濃度が上昇して大雨の程度や頻度が激化しています。このため、今まで想定していた降雨強度や降水量がますます増大していますので、まるで内水はん濫のゴールポストが一層困難な方へ移っているようです。この種の問題は、従来の処方だけでは不十分で、ハードとソフトを織り交ぜ、市民との連携のもとに柔軟に備えなくてはいけません。また、福祉や教育は、一見下水道と関係ないように見えますが、下水道による大人用紙オムツの回収や新型コロナウイルス感染症早期発見の下水疫学など、都市機能を維持・発展させていくために欠かせない分野です。

経済的価値の過大評価

行政は予算主義なので、経済的価値で事業を評価されることが多いです。環境的価値については炭素税や排出権取引のグリーン電力調書など、経済的価値に置き換えて評価することが一般的になっています。社会的価値も人命にかかわるものはともかく、内水はん濫による被害などは金銭的に見積もられ、B／C（投資対効果）が問われています。このため、政策実現に経済的価値は大きな位置を占めています。したがって、逆に経済的価値を損なうようなことになると会計検査や事業監査で指摘されて対応に苦慮します。当然のことながら、下水道の財務状況が悪化してくると使用料の値上げや事業縮小を考えざるを得なくなります。

長期的視点

経済的価値は事業間の比較や市民の負担感を定量的に理解するのに適していますが、短期的視点での判断が多いことに注意する必要があります。単年度収支で事業の是非を評価すると、行き過ぎた人員削減や経費削減に陥りやすいです。それは、人事管理、定員管理は長いスパンで議論されるべきだからです。平時にはぜい肉を落とした効率的な経営であるように見えても、非常時には復元力を失って大きな痛手をこうむることになりかねません。

一方、環境的価値や社会的価値は数量化しにくいこともあり、長期的な視点で都市経営を方向付ける役割があります。この点について、下水道コンセッションは好事例です。コンセッションでは経済的価値に相当するＶＦＭ（バリュー・フォ・マネー）や運営権対価が優先される傾向にありますが長期間にわたる環境的価値、社会的価値もバランスよく評価しなければいけません。特に、市民の支持を求める時は、環境価値や社会的価値も分かりやすく説明できなければいけません。そのためには、経済的価値の前提となる貨幣の機能である①価値の交換、②価値の蓄積、③価値の評価に相当する尺度を環境的価値や社会的価値の中に見出さなければならないでしょう。

例えば、*ミティゲーションは環境的価値の交換を意味しています。（＊代用の資源や環境で置換することによって環境影響を、代償すること）介護支援ポイント制度は社会的価値の評価を意味しています。

環境的価値にはこれまでに水資源のバーチャルウォーターや省エネのkWhなどの優れた指標がありました。しかし、二酸化炭素排出削減の立木ｎ本分とか二酸化炭素ｎキログラムの表現は、分かりにくい事例です。立木の数とか二酸化炭素の重さを実感できる人はどれだけいるか、大いに疑問です。社会的価値では、住みやすい都市ランキングや県別寿命ランキングなどがありますが、いずれも貨幣と比較すると普遍性に欠けます。

課題

下水道整備が概成した現在、新たな困難が生まれています。それは、改築更新工事は既存施設機能を維持しながら更新するため、新設工事よりも困難で工費もかさむことです。維持管理においても、施設稼働当初の経験を持つ職員が少なくなり、事故や災害が起こった時の対応が困難になっています。これらの課題は、一見経済的価値に収れんするように見えますが、実はもっと複雑で、環境的価値や社会的価値にも大きくかかわっているのです。困難な課題を前にして、改築更新工事を契機に長期的視点や他事業との連携という切り口で新たな環境的価値、社会的価値を創出していくことが必要です。

下水道の価値 〜下水道のブランド化をめざして〜

価値の種類

著者は「下水道の価値」というテーマで地方公共団体の下水道関係者を対象にした講演活動を続けています。

講演の主旨は、「下水道の価値には基本的価値と付加価値があり、この価値の違いを使い分けてブランド戦略を展開し、市民の信頼や期待、共感を獲得することが大切である」ということです。

基本的価値

まず、基本的価値は下水道法でもうたっている公衆衛生の向上、公共用水域の水質保全、内水はん濫防止（都市の持続的かつ健全な発展）の三点です。この価値は近代下水道が出現して以来続いてきた下水道事業の基本であり、市民生活に欠かせないものです。その結果、公衆衛生の向上では日本のどこに行ってもほとんどの地域で水洗トイレ化が実現しました。

また、公共用水域の水質保全も下水道普及率が五〇パーセントを超えたころから効果が出現

東京都人材育成センター講演会にて都職員に技術継承を語る（2019年）

し始め、七〇パーセントを超えると各地にアユやサケが復活してきました。そもそも、人間活動の結果生じた汚水を元に戻して自然に返すのは当然のことです。

付加価値

下水道事業から派生する付加価値は多々あります。国土交通省の新下水道ビジョンによると、再生水利用、食品／木質系廃棄物混合処理、下水汚泥中のリン活用、下水汚泥固形燃料、下水熱利用などが列挙されています。これ以外にも、消化ガス発電や下水道施設上部利用などがあります。

著者が「下水道の価値」を講演する時は、少々視点を変えて付加価値の事例として下水熱利用、下水汚泥から金産出、それに時間が許せば紙製下水道管について解説します。

下水熱利用

下水熱利用は、日本ではすでに数十年の経験があります。冬は下水処理水や生下水からヒートポンプを使って熱を奪い、その熱でビルの暖房をします。夏は逆に、下水に熱を捨てて冷房を行います。下水熱利用は、最初は順調に普及していたのですが、途中から下水温度の上昇という現象が現れて、利用形態が変化してきました。下水温度の上昇によって、下水熱の冷房利用が難しくなり、温熱利用、暖房利用が主流になりました。ところが都市部において、地域冷暖房事業は一年を通して七〇パーセントは冷房需要の冷熱源が必要であるといわれていますので、下水温度の上昇にともない下水熱利用は不利な条件が出てきたのです。その結果、最近では一部の例外を除いて下水熱利用は大規模な地域冷暖房事業には展開しにくく、ロードヒーティングや中小規模の暖房、温水供給などの温熱需要に対応しています。

下水汚泥から金産出

平成二十三年（二〇一一）に長野県諏訪湖流域下水道豊田終末処理場の溶融スラグ飛灰から高濃度の金が発見されて売却できた話です。下水汚泥溶融炉飛灰から金が産出するには、三つの理由がありました。まず、この地域は日本列島の黒鉱ベルト地帯の上にあり、金などの重金属が地下水とともに下水に混入しやすいところであることです。二つ目は流域に精密機械工場や電子部品工場など微量の金を含む排水を流す施設があること、三つ目は温泉排水にヒ素が混じっているので汚泥の最終処分を考えてヒ素の溶出しない溶融スラグ炉を採用したことです。つまり、微量の金が下水に混入し、下水処理の過程で金が精錬され、最後に汚泥溶融炉の排煙ダクトで金を産出したということです。

次に平成二十六年（二〇一四）に横浜市の南部汚泥資源化センターでは、センター内にある福浦排水処理場の脱水汚泥に金鉱石並みの金が含まれていることが発見され、脱水汚泥を有価物として売却できました。こちらは売却益よりも脱水汚泥処理費を省くことで市に利益をもたらしました。

結局、下水道施設は汚水を処理するだけでなく金も産出していたということです。

紙製下水道管

最後の付加価値の事例は紙製下水道管Ｚパイプの話です。Ｚパイプは、昭和四十八年（一九七三）の石油ショックの時に物資が不足し、陶管の入手が困難になったので、やむを得ずボイド管というコンクリート型枠用紙積層管をコールタールに浸して代用したものです。当時は横浜市や横須賀市の住宅団地取り付け管に採用されました。その後、三〇年近く経て、Ｚパイプの老朽化が目立つようになったので塩ビ管や管更生工法による更新が進んでいます。

Ｚパイプは窮地の策でしたが、視点を変えれば紙製下水道管でも数十年間も使えたことは驚異でした。関係者によると、コールタールを防水材に使っていたことから、温水や洗剤混じりの汚水には弱いようでしたが雨水管なら十分耐えられた、ということでした。Ｚパイプの利点は、安価であることや軽くて作業が容易であること、最終処分が簡単であることです。塩ビ管の性能には及びませんが、分流式のイベント会場や限界集落など、一定の条件下ならば今後も下水道管としての使用の可能性があります。

ブランド価値

下水道の基本的価値は時代を通してあまり変わりませんが、付加価値は下水道を取り巻く環境や利用用途の変化を受けて、進化し続けているといってもよいでしょう。変わらない基本的価値と変わる付加価値を使い分けて下水道全体としては「下水道はすごい」、「下水道は可能性が大きい」というプラス評価を生み出す戦略が必要です。これがブランド価値です。ブランドを生み出して維持する戦略は一過性ではありません。次から次へと新しい付加価値を生み出していき、その成果として下水道使用者からの信頼や期待、共感、安心を獲得するのです。そのためには、下水道のすそ野の広さや可能性の大きさを調べ尽くして付加価値を掘り起こしていかなければなりません。

下水道戦略

電気やガス、水道は発電所や工場、浄水所などの拠点から不特定多数の市民や企業にエネルギーや水を供給しています。これに対して下水道は、不特定多数の使用者から拠点下水処理場に下水を集めるという逆の構造を持っています。これまでは、この構造は下水道事業の弱点で管理の難しさの表れであるといわれてきました。雨水や汚水を集める時、天候や市民生活に依存しているので下水道サイドからは制御不可能と考えられていました。つまり、受け身の事業とみなされていたのです。ところが、この構造であったからこそ、下水から熱源が生まれ、金を産出し、下水は資源となりました。コロナ禍では、同じ理由で感染状況をいち早く把握できる下水疫学が期待されました。つまり、基本的価値では下水は処理され処分されるものと考えられ、制御不可能と見なされていた下水道の弱点が、実は大きな付加価値を生む可能性を秘めていたということでした。

紙製下水道管Ｚパイプは、低品質低価格ですが、状況によっては街の変化に対応できる下水道システムでした。下水道の付加価値は相対的ですし街の環境にも依存しています。とすれば寿命の短いＺパイプでも出番があるという考えでした。

これらは、下水道を取り巻く環境の変化を味方につけるブランド戦略に通じることです。そして、付加価値を発見して育てていくことは、実は基本的価値の基盤を強化することに通じているのです。そして、この下水道戦略を発見して事業として進めるのは結局下水道関係者ですから、「人材育成、技術継承が大切である」という結論になります。

電柱広告会社の新しい付加価値 ～都市の変化に対応～

東電タウンプランニング

東電タウンプランニング株式会社は東京電力株式会社のグループで電柱広告を扱っている会社です。この会社が平成二十八年（二〇一六）七月に北海道電力株式会社、東北電力株式会社と組んで、電柱に電気自動車用の急速充電設備を取り付ける新事業に進出しました。電気自動車は二酸化炭素ガス排出削減に貢献するので普及が望まれていますが、課題はバッテリー性能の向上と急速充電設備の普及です。特に、ガソリンスタンドのように全国を面的にカバーする急速充電設備の普及が急がれています。しかし、急速充電設備を設置するには、一カ所当たり三〇〇万円から五〇〇〇万円かかるといわれていて、このコストをどれだけ下げられるかが課題でした。そこで、東電タウンプランニング社は、街に多数ある電柱に急速充電設備を直接取り付ける方法を考案して特許を取りました。電柱を利用することによって、市中に急速充電設備の設置場所を確保することができます。もし、どこかの土地を借用するとなると、その手続きと費用が掛かりますが、電柱なら設置する土台もいりません。このように煩雑な手続きや設置費用が省けるのですから魅力的な企画です。その上、電柱ですから電源を電線から直接引き込むことができるので、こちらの費用も少なくて済みます。急速充電設備の普及に勢いがつけば設備機器の量産効果も期待できます。これらのコスト削減効果をあわせると、一カ所当たりの設置費用が半減できるのではないかと期待されています。

電柱位置情報

電柱の効用は急速充電設備だけではありません。東電タウンプランニング社は同年八月に「電柱位置を対象とした電力設備位置情報データ代理店販売開始」のプレス発表をしました。発表では、「これまで（の電柱）位置情報データを利用していたのは、目立った目標物がない場所において、現場に駆けつける時に連絡していただいた方の位置を特定するケースや、電柱に設備を載せて事業を営んでいる（有線放送、CATV）事業者様が、ケーブル敷設ルートの選定、設計、工事施工管理、施工後の設備の維持管理のケースがあり、以前から多くのニーズがありました。」としています。そこで、東電タウンプランニング社は全国一〇電力会社、またはその関連会社と組み、全国の電柱の位置情報を同一スペックで全国一律にワンストップサービスする、としました。これは電柱が街の隅々まで行き渡っていていることに着目して、電柱を基点とした位置情報を付加価値として商品化し、販売するというものです。

太陽光パネル

著者は、平成二十五年（二〇一三）に米国ハリケーンサンディの下水道被害調査で米国ニュージャージー州を訪問しました。その際、現場をバスで移動している時に、車の中から写真のように電柱の上部に小ぶりの太陽光パネルを取り付けている光景を何度も目にしました。よく見ると、太陽光パネルの下にコンバーターがあり、発電した電力は電柱の電線に直接供給していました。帰国後、調べてみると、電力会社ＰＳＥ＆Ｇ社はこの地域の一七万本の電柱に太陽光パネルを取り付けていました。**写真**では強風に弱いように見えますが、ハリケーンサンディの時にこの地域の電柱は一〇〇〇本ほど倒れましたが、それ以外の太陽光パネルには被害はなかったそうです。電柱に太陽光パネルを取り付けるというような発想は日本にはありませんが、先ほどの急速充電設備と同じように、設置場所の確保と電力線へ至近距離、それ

米国 NJ 州にて多数の電柱に取り付けられた太陽光パネル（2013 年）

に街に多数あるという電柱の三つの特徴を生かして太陽光パネルの設置コストを削減しています。電柱という特性を生かして太陽光パネルで発電し、急速充電設備で電気自動車に給電するという姿が見えてきました。これは、前編の２「下水道技術の変化」・管路内浄化システムで述べた着想と、類似しています。つまり、集中処理から分散処理、地産地消の流れです。

電柱広告

東電タウンプランニング社の主な業務は電柱広告です。これには、掛広告と巻広告、小型公共表示の三種類があります。掛広告は電柱の地上五メートルほどのところにブラケットで支えるようにして看板を設置し、遠くからの視認性を高めることのできる電柱広告です。巻広告は電柱広告の主流で、大人の頭の高さから上方に一・五メートルの電柱本体部分に広告看板を巻き付けたもので、道を歩いていると否が応でも目につきます。巻広告の下部には番地表示など公共性の高い広告がよくあります。これが小型公共表示で、「通学路」や「避難場所」、「路上禁煙」などと公共情報を表示してあります。

電柱広告の考え方は利益だけではなく、地域貢献を重視し、市民の便利さも目指しています。そのため、小型公共表示の地域貢献広告は特別割安料金を設定しています。またスポットＰＲサービスといって、看板の上にシールを貼って期間限定の情報を提供するメニューもあります。このように、電柱は昔からいろいろな情報を発信してきたのですが、日々進化し続けており、電柱広告の延長に電柱の位置情報提供があることが理解できます。今後、さらに電柱広告が進化していくと、電柱に液晶パネルを巻き付けたり、夜間に電柱からプロジェクションマッピングを地表や壁に投影して意表を突くメッセージを発信することができるようになるかもしれません。たかが電柱、されど電柱です。

無電柱化

実は、東電タウンプランニング社は無電柱化の仕事もしています。無電柱化の計画を立てたり工事を請け負っています。電柱がなくなると、電柱広告はもちろんのこと、急速充電設備を設置したり電柱位置情報を発信することもできなくなります。しかし、よく考えてみると無電柱化して電柱がなくなっても急速充電設備や電柱位置情報の機能は残すことができます。電柱広告さえ残すことができるかもしれません。例えば、電線が地下ケーブルに変わっても地表には昔の郵便ポストのように人の背の高さくらいの多目的ポストを建て、そこで最寄りの地域情報を提供したり、地下から地表にケーブルを立ち上げて電気自動車の急速充電ができるようにすればよいのです。電力配電のための電柱は市民の視野から消えても、電柱の付加価値は姿を変えて残っていきます。これは、付加価値が新しい基本的価値に生まれ変わる瞬間なのでしょう。

電柱とマンホール

以上、電柱の付加価値の話をしましたが、実は電柱と下水道マンホールとは類似点があります。電柱は電力を家庭や事業所に届けていますが、下水道マンホールは街から下水を集めて処理しています。両者とも道路上にあって利用者、使用者の間近にあります。実際、東京都におけるマンホールの数と電柱の数はほぼ同規模です。下水道マンホールは区部で約四八万個、公設マスは区部で約一五〇万個、電柱は都内で約七二万本です。そして、電柱も下水道マンホールも道路管理者から道路占用許可を受けています。ただし、電柱は有料ですが、下水道マンホールは無料です。

マンホールの付加価値については、電柱広告に相当するのはデザインマンホール蓋でしょう。電柱位置情報は下水道管きょ台帳システムです。急速充電機や太陽光パネルは思い浮かびませんが、下水道が電柱の付加価値から学ぶものはたくさんあります。その中でも付加価値の事業化、企業化は興味深いです。電柱に比べてマンホールの付加価値は企業化、事業化が進んでいません。東電タウンプランニング社に相当する企業は下水道にはありません。下水道のリサイクルや上部利用についても企業化が進んでいるとは言い難いです。企業化は新たな付加価値を事業として実現し、適正な利益を捻出して持続させるには必須の仕組みです。企業は将来性があるとみれば自己責任で投資し、リスクを取り込み果敢に挑戦します。東電タウンプランニング社は、安定した電柱広告収入をもとにして電気自動車用急速充電器設置や電力設備位置情報という新規事業に挑戦していますが、この姿勢を下水道事業者は学ぶべきです。

新幹線デザイナーの感性価値 ～下水道の新たな課題～

新幹線の基本的価値

新幹線は開業以来これまでに六〇年近く営業を続けてきましたが、乗客の死亡事故は起こしていません。それはこの間、新幹線が進化をし続けてきたからです。新幹線の車体はもちろんのこと、制御系や信号系、それを支える組織体制など改善に改善を重ねてきて、現在も進化中です。その新幹線をデザインした福田哲夫氏は*新幹線の価値を次のように述べています。（＊『新幹線をデザインする仕事』福田哲夫、SB Creative、二〇一五年、八六頁）

「新幹線の「基本的価値」は安全で確実な運航と信頼感で、予定どおり行程をこなすことに尽きます。これに対して、新幹線の「付加価値」は安定、速達で、快適な車内で移動することです。そして新幹線の「感性価値」は魅力、感動、豊かさ、安心感など、心理的な満足を得られる空間を提供して、乗客に楽しい旅の思い出を作ってもらうことです。」これらの価値分析を読み解くと、基本的価値は高速鉄道そのものの移動手段としての機能を実現することです。ですから、新幹線が事故で運休したり、乗客が事故に巻き込まれることは極力避けるべきです。確実な運行という点については、乗客の見えないところで大きな努力を重ねていることに注目したいです。深夜の保線作業は準備と撤去に手間がかかりますが、毎晩繰り返されています。乗客の見えないところで支えられているのです。新幹線の付加価値は分単位の正確なダイヤを守り、時速三〇〇キロメートルの高速移動を誰でも可能にする正確性と速達性を実現することです。何らかの事情でわずかにダイヤが乱れると、すぐに遅延に対するお詫びの車内放送が流れるのは驚きです。そこには、国鉄以来の鉄道の定時制厳守の伝統があります。時速三〇〇キロメートルは大都市間の時間的距離を大幅に短縮して仕事や生活のスタイルを変えました。

感性価値の塊・N700型新幹線（2019年）

新幹線の感性価値

福田氏によると、感性価値は新幹線に対するあこがれや感動である、としています。感性価値は、乗客の心に訴えて心理的な満足感を得る第三の価値です。デザイナーからみれば、乗客が新幹線を利用する際に感動を覚え、楽しい旅の思い出を持ち帰ってもらうことが重要です。

そのために、車内の照明や換気、空調など身近なところから改善を重ねています。感性価値の要素として、視覚や聴覚、嗅覚、触覚などの改善は大切です。福田氏はこのような感性を新幹線デザインの評価軸としているそうです。そもそも、「感性」という言葉は日本古来のもので、英語では感性工学を Kansei Engineering と呼んでいます。

下水道のブランド価値

二章前の「下水道の価値」で述べましたが、新幹線と類似して下水道にも「基本的価値」と「付加価値」、それに「ブランド価値」があります。このうちブランド価値は、下水道のもつすごさ、すなわち規模の大きさや、技術の幅広さ、環境への影響、他事業への広がりなどと考えています。そもそも、時計やバッグのブランド価値は無形価値であり、価値の棄損を防ぐために偽ブランドの告発や銀座への出店など、ブランド価値の維持に見えないところで想像以上に経営努力をしています。そして、ブランド価値は一度確立すると、その状態を持続しやすい性質も持っています。下水道がいわゆるブランド価値を獲得できれば、普段は目に触れにくい基本的価値も併せて評価され、それにつれて付加価値メニューも増えていくという、よい循環が生まれる期待があります。

感性価値とブランド価値

下水道のブランド価値と新幹線の感性価値を重ね合わせると興味深い側面が見えてきます。いずれも、基本的価値と付加価値が土台となって生まれるもので、基本的価値や付加価値が管きょや下水処理場、線路や新幹線車両など実体のある「モノ」から生まれるのに対してブランド価値や感性価値は体験や印象につながる「コト」、つまり人の気持ちや心の動きから生まれます。この関係は、安全と安心にも似ています。安全は工学的に裏付けのある低リスクの状態ですが、安心は心理的にリスクを感じない状態です。そして、下水道や新幹線は安全だけでもいけないし安心だけでもいけません。安全・安心であってこそ、社会インフラはその役割を全うすることができるのです。

感性価値の向上

それでは、下水道で感性価値を高めるにはどうしたらよいでしょうか。感性価値が確立する前提としては、基本的価値が揺らがず、付加価値メニューは増え続ける必要があります。その上、市民の心に訴求するものが必要ですが、新幹線の場合は、あこがれや感動、楽しい旅の思い出となっていました。これらに相当する下水道の感性価値はあるのでしょうか。

この答えは、かなり難問ですが、結論的に言えば下水道にも感性価値はあるし、作り出さなければいけないのです。この問題を考える前に、感性価値に関する理解は、まず、率先的に地方公共団体の下水道職員が行うべきです。下水道職員が下水道の感性価値を認識できなければ、下水道の使用者である市民が認められるはずがありません。職員は、基本的価値や付加価値を熟知しているはずですから、そこから感性価値を見出すことになります。それを契機に下水道に対するリスペクトの気持ちを高め、誇りと使命感を持って仕事に取り組んでいただきたいものです。

市民が感性価値を実感するためには、これまで下水道事業者は市民に対して施設見学会や広報公聴活動、デザインマンホール蓋など、いろいろな企画で進めてきました。しかし、必ずしも基本的価値、付加価値、感性価値を意識して戦略的に実施してきたわけではありません。この分野では、市民に対する下水道情報発信のデザイン力が問われています。

下水道の感性価値

先に、新幹線の感性価値の目標は乗客の楽しい旅の思い出、と記しましたが、下水道でこれに相当するものは、おそらく下水道に対する使用者の信頼であり安心であると考えます。使用者の見えないところで下水道管の清掃や補修を行い、下水処理場を二四時間運営管理しています。このような下水道の基本的価値を保ちながら二酸化炭素ガス排出抑制、省エネ・

省力化を進めてコスト削減や環境管理に努め、汚泥の資源化や再生水利用などの付加価値促進にも努めています。下水道管を原因とする道路陥没や臭気苦情があると、迅速な対応はもちろんのこと、平易で正確なリスクコミュニケーションも必須です。このような多方面にわたる努力と長期間に及ぶ実績に加えて、市民の目に触れる下水道職員の言動、存在が使用者の信頼と安心につながるのです。

今後の課題

新幹線は感性価値を打ち出してお客様の変化を先取りすることによって新市場を創造するとともに、ライバルである航空機や乗用車から客を奪い、売り上げを伸ばすことができました。すると、さらに感性価値を増やすような投資を続けることができます。しかし、下水道は使用者からの信頼と安心を獲得しても下水道使用料を伸ばすことはできません。公共事業だから当然、といえばそれまでですが、事業の持続という観点からは、ブランド価値や感性価値が経営の健全化を促進する増収につながるビジネスモデルを探し出したいものです。

これは維持管理時代における下水道の新たな課題です。

第三編　技術継承「人は石垣、人は城」

1.「人材育成・仕事とは」

地方公共団体技術者の役割は公共の福祉の実現ですが、市民の安全・安心を守り、効率的運営に努めることです。この基本を押さえたうえで、職員の研修やキャリア形成を通じて人材育成を進めなくてはいけません。多種多様に見える下水道の仕事も、問題発見や施設熟知というポイントを押さえれば横串が見えてきます。行き着く先は職員と市民の関係であり、医師と患者のような関係になります。

地方公共団体技術者の役割 ～市民を守る～

地方公共団体技術者とは何か

地方公共団体技術者に求められているものは何でしょうか。このテーマについて、著者は東京都庁勤務の時、二年間所属していた東京都人事委員会事務局で同僚と何度も議論した覚えがあります。その時の結論は、地方公共団体技術者は企業の技術者でもないし大学の研究者でもないということでした。企業の技術者は専門特化し、他社との競争の中で技術を追求して新製品や新工法を考え出します。大学の研究者は真理の探求のため研究テーマを探し出すところからが仕事です。これらに対して地方公共団体技術者は、公共の福祉という大きな目標の下に、与えられた業務を通して市民の安全や安心を確保します。同時に、事務事業の効率的な運営を目指します。時には、「非効率でも公平性が保てればいい」とか、「民間企業に負けないくらい効率を追求しないと生き残れない」とする意見がありますが、それは違います。公共性と効率性の両方を求めなければいけないのです。もう一つ特筆するのは、企業の技術者や大学の研究者よりも長い時間スパンで仕事をすることが多いということです。企業は何十年も先の効果を期待して投資することはできません。研究者も同じです。地方公共団体技術者は地域と共にあるので、街の変化にも対応すべく長期間の構想、中期間の計画、短期間の設計、工事、そして日々の維持管理をこなさなくてはいけません。しかも公平で効率的にです。

三つの要素

下水道に関わる地方公共団体技術者の具体的な役割は図のように次の三点になります。

①**下水道技術の説明者**　行政が採用する新技術や新工法などについて、議会やメディア、市民に分かりやすく説明します。技術の翻訳者と考えてもよいです。そのためには、自分の専門分野を熟知するとともに関連分野を理解し、市民の状況を把握してプレゼンテーションスキルを身に着けることが必要です。

②**下水道技術の選択・評価者**　コンサルタントや企業が提案した新技術を相互に比較し、性能、価格、信頼性、寿命などを総合的に評価して下水処理場や管きょに採用すべく、技術を選択します。いわば、技術の使用者の立場からの判断です。そのために、幅広い情報収集能力と分野横断的な知識が求められます。

③**下水道技術の適応者**　施設の機能を保持し、長期間安定して下水道サービスを提供して市民の生活を安全で豊かにすることが期待されています。工事を実際に施工するのは企業

地方公共団体技術者の役割

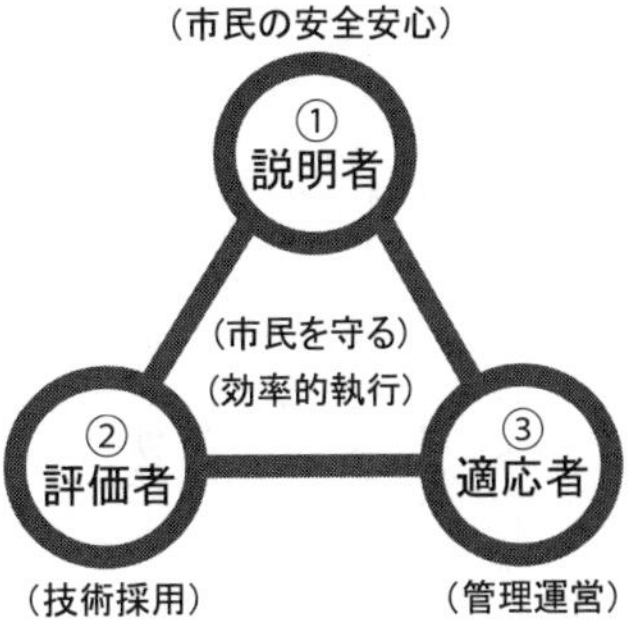

（市民の安全安心）
①説明者
（市民を守る）
（効率的執行）
②評価者
③適応者
（技術採用）
（管理運営）

の技術者であっても、全体を計画し、管理運営するのは地方公共団体技術者です。そのため、地方公共団体技術者は市民に対して技術の適応者、具現者になります。

以上のように、地方公共団体技術者には三つの役割が期待されています。三つの役割の重みは、計画や設計、工事、維持管理と、担当する部署によって異なりますが、バランスのとれたジョブキャリアが求められます。そのためには、専門技術の知識を深めるとともにプレゼンテーション能力を身に着け、法令や制度の理解、地域の過去の経緯など幅広い行政的素養が必要になります。

「説明者」の原点

企業技術者は先端技術を駆使して消費者が求めるプロダクト・サービスを適正な価格で提供することが使命ですが、地方公共団体技術者は違います。地方公共団体技術者として大切なのは技術を市民、議会、メディアなどに分かりやすく説明して伝えることです。現代の技術はどの分野も複雑化しているので理解するのが大変です。その上、それらを他人にわかりやすく説明するのですから伝えるということは実は非常に困難な仕事です。複雑で専門性の高い技術を簡素にわかりやすく説明できないと市民や議会は納得できず、賛成も反対もできません。地方公共団体技術者が議会やメディアに説明するということは、議員や記者の向こうにいる市民に下水道技術を知ってもらい、理解してもらい、さらには受け入れてもらうことです。そのためには信頼関係が必須で、信頼関係を作るには、豊富な知識と誠実な姿勢、それに表現力が不可欠です。

「評価者」の原点

地方公共団体技術者が公共施設を建設する時は、最適な工法や機器を選ばなくてはいけません。資材を購入する時には、市況を把握して価格や安定供給、品質確保などを検討して最も優れたものを選ばなくてはいけません。選ぶためには、技術的、価格的、品質、実績、寿命、など比較して決めますが、そこには評価・判断プロセスが必要になります。評価・判断は長年の経験、とりわけ現場での経験が大切で、魚市場のセリ取引のような目利きと判断が求められます。評価はその性質上、企業技術者からの情報収集も必要です。この場合には慎重で組織的な対応が求められます。

「適用者」の原点

下水道事業は、戦後しばらくの間は地方公共団体職員自身がほとんど直営でこなしてきました。この時期は失業対策事業として多数の失業者を採用し、事業を人海作戦で進めてきました。その後、事業規模が大きくなり、下水道事業が本格的に普及していくと直営だけでは事業執行が難しくなり、請負工事や委託管理に移行します。この段階になるとゼネコンやメーカーの最新技術を採用できるようになり、地方公共団体技術者の役割は技術の適用から評価に移りました。そして現在は管理運営の時代です。維持管理も直営から委託への展開をたどり、現在は包括委託やコンセッションの時代ですから、地方公共団体技術者の仕事の重心は評価と説明に傾いています。しかし、市民と接する適用の重要さは変わりません。

三要素のバランス

時代とともに移り変わってきた仕事の三要素は、軽重はあってもどの業務にもそれぞれ関連しています。例えば、計画部門では市民や議会へ説明することが多いですが、その背景には専門知識や現場経験の裏付けが必要です。建設部門では工法や機種の選択のための技術評価能力が求められますが、プロジェクト・マネジメントのような組織管理的能力も必要であり、会計検査では建設工事を明快に説明することが求められます。維持管理部門ではもともとは直営で進めてきたので技術の適用が中心でしたが、最近では包括委託が普及してきて維持管理会社を選定したり委託事業を管理する仕事が増えてきました。これは評価です。

説明能力

説明能力は、一言でいえばコミュニケーション能力です。説明する対象は市民や議会、メディア、財政当局といろいろとありますが、相手に分かりやすく伝えることに尽きます。そのためには相手の状況を把握して、できるだけ専門用語を使わずに平易に正しく説明することが大切です。たとえば、住民説明では、市民は下水道の知識は少ないですが生活の専門家ですから、敬意を忘れずに接することがポイントです。正確さと分かりやすさが相反する場合には分かりやすさを優先しますが、説明の責任は地方公共団体技術者側にあるということを忘れてはいけません。そのためには図やフローシート、たとえ話などを活用することが有効です。地方公共団体技術者間では専門用語で伝えることに慣れていますから、説明する時は十分な注意が必要です。そして、説明能力の到達点は市民から信頼、信用を獲得することであり、人間関係の確立です。

評価能力

個々の技術ではゼネコンやメーカーの技術者のほうが勝るかもしれませんが、総合的な技術は地方公共団体技術者の出番です。企業間の工法や製品の違いを評価するには、全体を見渡す広い視野と技術的センスが必要です。工法や製品を採用する場合、その最終受益者は市民ですので、市民目線で技術を評価するという基本的な姿勢が必要です。そのためには、行政を知り、市民を知り、技術を知ることになります。そして、その結果を市民や議会、メディアに説明するのも地方公共団体技術者です。

適用能力

包括委託やコンセッションが進むと、地方公共団体技術者が下水道施設を自分で運転操作したり修理する機会が少なくなります。しかし、仕事の原点、価値創造の原点という視点からは現場経験は見落とせません。必ずしも直営工事や直営管理ではなくても、何らかのかたちでの現場を経験する必要があります。東京都下水道局では現場体験型下水道技術実習センターを開設して、ポンプ所施設の運転シミュレーターや管路内水中歩行モデルの実習を通して職員の現場体験を増やしています。現場経験を増やすために、関連団体に出向することもあります。日本下水道事業団や他都市に出向して他人の現場を経験することもあります。時には、災害支援で災害対応の経験をすることもあります。いずれにしても、短い期間でいろいろな現場経験を積むことが求められますので、組織的には計画的なジョブローテーションが必要です。個人的には、経験した現場は誰よりも負けないくらい熟知する気持ちが必要です。

地方公共団体技術者としての姿勢

地方公共団体技術者は、市民から信託を受けた発注者という立場がありますが、これを取り違えて企業の技術者を見下すことは戒めなくてはなりません。逆に、専門分野について企業の技術者より詳しくないと卑下することもありません。企業の技術者とは、共に社会インフラを作る、共に社会インフラの機能を発揮させる、という役割分担の理解が必要です。

問題発見の手掛かり ～職員ハンドブックの活用～

歴史あるテキスト

東京都庁が職員向けに出版している職員ハンドブックは、都庁の各部門の専門家が執筆している本で、昭和二十五年（一九五〇）に発刊されて以来、隔年ごとに内容が更新されてきました。その結果、手元にある「職員ハンドブック二〇一九」は六五七ページもの分厚い本になっています。そして、驚くのは大部な本にもかかわらず定価が四四八円ときわめて安価なことです。そもそも、この本の価格は紙とインクの制作実費だけです。著者も都庁に入ってからこの本にずいぶんお世話になりました。職員ハンドブックの入手方法は、都庁第一庁舎の二階にあるくまざわ書店都庁店（〇三‐五三二〇‐七五三七）で扱っていて、東京都職員もそこに買いに行きます。都庁以外でも職員研修にこのような歴史あるテキストを利用されたらいかがでしょうか。一読して机の引き出しに忍ばせておくときっと役に立ちます。

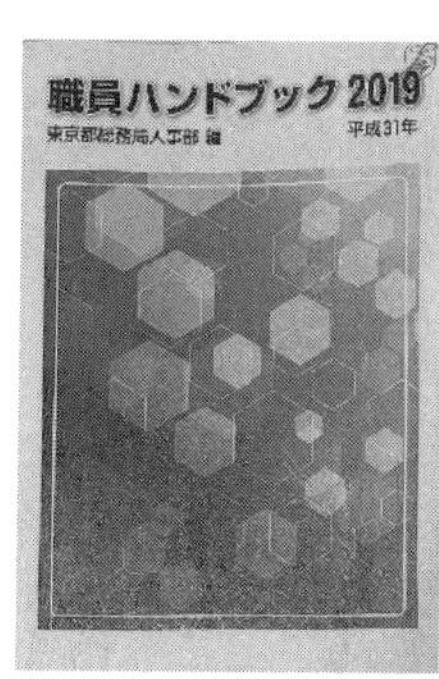

「職員ハンドブック2019」

概要

地方公共団体職員として仕事に取り組む時、最低限身につけておくべきことはたくさんあります。それを大別すると、地方公務員として知っておくべきこと、下水道職員として知っておくべきこと、技術職員として知っておくべきことの三つになります。その中で、職員ハンドブックは都庁職員、地方公務員という大きなくくりに関することをまとめています。具体的には、都庁には主任級選考制度、課長代理級選考制度、管理職選考制度がありますがこれらの試験に臨むにあたっての基礎知識ととらえることができます。つまり、地方公共団体職員として仕事をするうえで最小組織単位での知識ということになりますが、実はこれの奥が深いのです。各ページには地方自治制度や文書の作り方、仕事の進め方など基本的な知識やノウハウが書き込まれています。そのバックボーンには、全体の奉仕者としてどのように都民と向き合うかという考え方があります。

内容

職員ハンドブックは三編に分かれています。第一編は「東京と都政」で、東京都の政策や基本方針などが述べられています。この編は東京都独自の情報ですので、読者は自分が所属する地方公共団体固有の資料を探したほうがよいでしょう。第二編は「地方自治制度と都の行財政」です。ここでは、地方自治制度を平易に書き下ろしているので一読の価値があります。特に、地方分権の推進は、これまで諸先輩が積み上げてきた歴史が記されており、地方公共団体職員としての自覚が呼び起こされる箇所です。ここには財政制度も記されています。財政は地方行政の基本ですので、一度は全体像を把握しておくとよいでしょう。第三編は「組織と仕事」で、技術者として一度は学んでおいてほしい分野です。ここは一〇〇頁ほどのボリュームですが日々の業務に直結するノウハウ的な記述が多く、新人だけでなくどの職場に異動した時にも必ず役に立つ知識です。先輩や上司に聞きにくいこと、一度聞いたがよく理解できなかったことなどが活字で確認できます。まずは全体的に目を通し、どこに何が書かれているかを頭に入れておくとよいでしょう。

文書

第三編は、「人事」「文書」「財務」「都民と都政」「都庁のＩＣＴ化の推進」「仕事の進め方」「人権」「接遇」「統計」の九章です。いずれも重要ですが、この中で地方公共団体職員としてさしあたり習得してほしい「文書」と「仕事の進め方」について紹介します。

文書は地方公共団体職員の業務の基本です。つまり、文書主義の原則に基づいて組織の中での意思決定と対外的な表示を行います。そもそも、文書には、伝達性、客観性、保存性、それに確実性という四つの特性がありますが、一方で文書を作成するには時間や労力がかかり、微妙な感情や態度は表現しにくいなどの弱点もあります。職員ハンドブックには起案した文書を作成するに当たっての文字の使い方や文章の作り方が細かく記述してあります。たとえば、「したがって」とか「ついては」などの接続詞はひらがなで書きますが、「及び」「並びに」「又は」「若しくは」の四つは例外的に漢字で書くことになっています。また、「ない」「ぐらい」「ほど」などの助詞、助動詞もひらがなで書きます。注意すべきは、「より」という言葉はできるだけ使わず、「から」や「よりも」などを使うことになっています。

文章を書く時によく読点「、」の使用法に戸惑うことがありますが、職員ハンドブックでは「主語となる文節の後」「対等に列記する語句の間」「限定、条件などを示す語句の後」「文の始めに置く接続詞、副詞の後」「読み違いや読みにくさを避けるための所」に用いることにしていて、新聞や雑誌の使い方とは微妙に異なることがあります。要は、このように文字の一字一句を厳密に定めることによって、簡潔で明瞭な文章を作成できるようにするものです。

仕事の進め方

職員ハンドブックでは、仕事の定義を「問題の発見と解決」としています。ここで、問題

３種類の問題発見

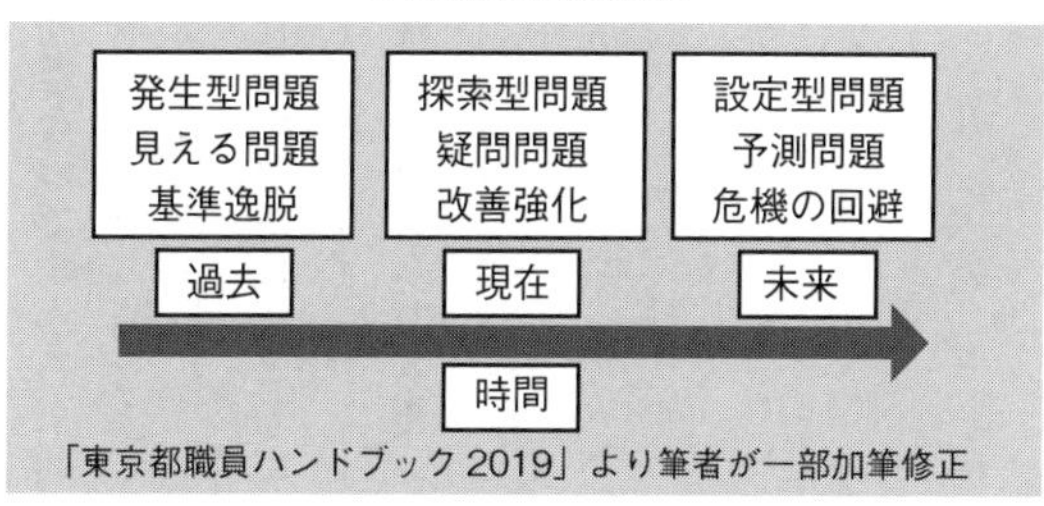

解決プロセスの手順としては、問題の把握形成と意思決定（P）、実施（D）、検証・効果測定（C）、見直し・新たな問題発見（A）を挙げ、PDCAサイクルを回して継続的な改善を重ねていく、としています。このなかで、注目すべきは問題の把握形成です。問題解決プロセスは問題を発見するところから始まりますが、これが難しいのです。図のように職員ハンドブックでは問題の種類を過去に発生した①発見型問題（見える問題）、現在発生している②探索型問題（疑問問題）、未来に発生する③設定型問題（予測問題）に分類し、①は基準からの逸脱、目標の未達成、②は改善問題、強化問題、③は変化を先取りする問題、危機回避問題、と位置付けています。このように*問題発見を分析すると、問題の把握や対処方法が見えてきます。そして、問題を把握するには、①問題の発見、②問題の明確化、③原因の把握、の手順が必要であると述べています。よく、何が問題か分からない、ということがありますが、それは問題の定義や発見ができていないからで、目標と現状のどちらか、または両方

が不明確だからです。自分の仕事の目標を掲げ、現状を分析して把握すれば、そのギャップが問題なのですから、問題はおのずと発見されて明確になります。この手順は、実際に仕事に取り組んでみるとよく経験することです。（＊暗黙知（適用時間軸の違い、三一五頁）で詳しく述べています）

仕事の解決技法としては、ブレインストーミング、特性要因図、ＭＥＣＥ（ミーシー）、ロジック・ツリー、ＰＥＲＴ（パート）、ガント・チャート、の六種類を挙げ、それぞれを解説しています。これらの言葉になじみの少ない方はぜひ一度職員ハンドブックをひもといてください。

到達目標の意義　～職員のキャリア形成～

職員ハンドブック

続けて「職員ハンドブック二〇一九」からの引用です。全国の地方公共団体職員が仕事に取り組む時、同書二〇二頁の「職級に応じた到達目標の設定」が参考になります。到達目標を設定することによって職員は、自分の目指す方向を確認し、仕事の意味や努力の方法を具体化することができます。人材育成の観点からは職員の到達度を確かめることができます。以下、「職員ハンドブック二〇一九」を引用して職級ごとの到達目標を枠内に示します。

一般職の到達目標

プロ職員の素地を作ることを目指します。新任期から主任期までの一般職の到達目標は、以下の三点です。

①自ら育つ意識を持ち、自己の適性の発見に努めつつ、行政分野・職務分野ごとの仕事の仕組みや進め方に習熟すること。

②都政全体とのかかわりを意識して職場の課題を発見し、改善の提案ができること。
③職場の一員としてチームワークを担うとともに、後輩に知識・経験を伝え、助言ができること。

一般職の到達点は、①に示された自己発見や職務を習熟することです。さらに、②の職場の課題発見や改善提案に努めます。あわせて、③の組織人として後輩を指導育成することも求められています。つまり、単に組織の歯車になるのではなく業務改善や人材育成も担っています。特に②と③は、将来にわたってAIに置きかえることができない分野です。外部委託時にも必要な仕事です。そして、次の職級へステップアップする準備になります。

監督職の到達目標

プロ職員としての資質に磨きをかけることを目指します。監督職の到達目標および具体的なイメージは、以下のとおりです。
①行政分野・職務分野のそれぞれに強みを持っていること。
②都政全般を視野に入れ、行政分野・職務分野のそれぞれについて改善・改革の提案

ができること。
③ 仕事を通じて部下を指導、育成ができること。
玄人としての卓越性を有し、部下職員や関係部署から頼りにされる人材。

監督職は都庁では課長代理になりますが、一般的には係長が該当します。ここでは、行政の最小単位に責任を持つ職級として、その分野の専門性や他の分野とのかかわりを熟知する必要があります。このような能力､経験は時間をかけて身に着けることになります。そして、部下を掌握し、対外的には成果を示さなければなりません。また、一般職では課題発見、改善提案にとどまっていましたが監督職になると一定の権限を付与されるので、それに見合う責任や職場の改革提案が求められます。一般職との違いは大きく、困難ですがやりがいのある職級です。さらに、具体的イメージとしては地方公共団体技術者、行政パーソンとしての専門性が強く求められます。仕事の法的根拠や経過、地域特性などを熟知し、職場を代表して住民に意見を述べることが求められます。一般職員は監督職員の背中を見て育つといわれていますので、部下の指導、育成は監督職の大きな役割です。著者の経験では、この職級が下水道技術者として最もやりがいのあるものでした。

管理職の到達目標

組織を担うリーダー資質を磨くことを目指します。管理職の到達目標および具体的なイメージは、以下の三点です。

①職務の達成に向けて、あらゆる事態を想定しながら、時宜にかなった判断や的確な指示を行うことができること。

②大所高所から都庁の置かれている状況をとらえ、困難な状況下でも自ら先頭に立ち、改革に向けた強い意志と実行力を示せること。

③職員に成長する機会を与えつつ、組織力を発揮して職場を運営できる高度な組織運営力を持っていること。
国や民間団体と伍して政策論争でき、都庁内外に影響力のある人材です。

管理職になると、住民や議会、メディアに対して都庁を代表して対応することになります。大げさかもしれませんが、管理職の発言は都知事の発言、と自ら言い切れる覚悟と自信が求められます。そのためには②の日ごろからの情報収集や現状分析、率先垂範が大切です。また、一般職、監督職を率いるのですから、困難な状況下でも部下がついてくるだけの人間的

キャリア形成と組織力強化

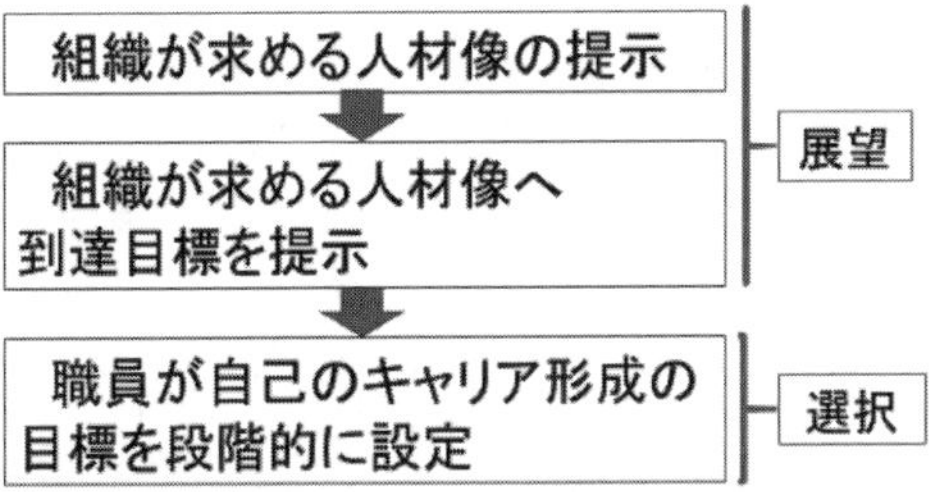

組織が求める人材像の提示 ↓ 組織が求める人材像へ到達目標を提示	展望
↓ 職員が自己のキャリア形成の目標を段階的に設定	選択

「職員ハンドブック 2019」P.201 より著者が加筆修正

にも技術的にも信頼される知識、能力、経験を身に着ける必要があります。したがって、目の前の課題解決だけでなく、職業観、人生観などリベラルアーツ（教養）にも習熟して自分の価値観を築いておくことが求められます。③の国や民間団体と政策論争するには、技術者なら技術士レベルの知識や見識を取得し、経験を積む必要があります。業務以外にも、学術団体の学会活動などに参加して外部からの知識の習得や人脈の形成に努める必要があります。

以上のように「職員ハンドブック二〇一九」が各職級の到達目標を提示しているのは、図のように職員のキャリア形成を通じて個人の成長と組織力の強化の両方を目指しているからです。各職級における到達目標の明確化は、勘と経験に頼っていた人事管理を公平で客観的なものに変えることにもなります。

一般職の目標管理

到達目標が明らかになると、職員はそれぞれの職級に応じて目標を具体化することになります。例えば一般職の場合は、「行政分野・職務分野ごとの仕事の仕組みや進め方に習熟すること」に関して最初の一年目は、前半で業務マニュアルや関連法規の理解、過去の議事録、報告書類を参照して仕事の熟知に努めます。この時、参照文書についてノートにまとめておくとよいです。新人でも、いずれ後輩を指導するというイメージをもってノートすることによって自分の習熟が促進されます。初年度後半は実務を通して業務のボトルネックや未解決課題に関する問題発見に努めます。これについても、課題ごとに問題点、変えるべきもの、変えてはいけないものを分析し、自分なりに気づいた点や理解できなかった点を文章化して年度の終わりには上司に具申するとよいです。この時に大切な点は二つ。一つは、関わった業務に対してよい点と改善すべき点をしっかりと把握し、自分の頭で考えて意見を述べることです。改善すべき点を指摘するのは当然ですが、よい点をよい点と気づき評価することも大切です。もう一つは、到達目標を実現するための具体的な数値目標を掲げ、その到達度で自己管理することです。例えば、「毎月改善提案を行う」とか、「業務に関する専門図書を毎月一冊読破してノートを作る」、などです。

個人目標

組織目標と職員個人の目標は必ずしも一致しているとは限りません。それは、組織目標は比較的大くくりで簡潔なものが多いのに対して、個人目標はその人の経験や価値観に関係するので多様だからです。この多様さが大切です。つまり、あえて前任者と異なる個人目標を掲げることで、職場の変化に対する適応力を高めることを目指す、という姿勢が大切です。前任者からの事務引継ぎはこのような視点で受けるとよいでしょう。くれぐれも前例踏襲ではなく、自分個人として新たに何を組織に貢献できるかという姿勢で臨むことが大切です。それには、不断の自己啓発と自己評価が欠かせません。

施設熟知が基本 ～聞き上手になる～

新入職員

地方公共団体に採用された職員は、最初の新入研修で仕事の流れを学び、配属された職場では毎日の仕事を通じて経験を重ねていきます。例えば、下水道維持管理部門に配属された技術職員は次のような経験をします。

まず、自分の担当する施設の名称、位置、機能を覚えます。一度聞いただけではなかなか覚えられませんが、何度かその場所に出かけるうちに、次第に記憶の中に深く刻み込まれていきます。これは新しい職場で人を知るのと似ていて、話をしたり一緒に仕事をしていくうちに顔と名前が一致してきます。関心のない人は覚えられません。現場では、下水処理場の機器が故障して修理したりすると克明に記憶に残るものです。この段階での経験は、下水道技術者としての原体験になるので、その後の下水道に対する取り組む姿勢に影響を与えます。新人を知るのも施設を知るのも何かが起こらないと記憶に残りにくいものです。このため、新入職員を最初に配属するのは、最新鋭の下水処理場よりも老朽化して故障しがちな古い下水処理場のほうが適しています。

下水の流れが基本

職場で知識を習得し、経験を重ねるにあたって、施設における下水の流れ方を理解することは重要です。下水道管や下水処理場の見えないところの下水の流れは図面で確認します。下水道管の雨水吐口の位置や詰まりやすい箇所、下水処理場の汚水や汚泥の処理プロセスに関して基本的諸元を把握するのは技術職員の最初の仕事です。その際、下水道管には地域特有の課題があるので、これについて地域や市民との関係を理解することが大切です。下水処理場には建設時以降、長年つちかわれてきた運用や約束事があります。分からないと思ったことはベテラン職員からよく話を聞くことが大切です。聞くこと、知ることが新人職員の仕事です。新人職員の素朴な質問がベテラン職員に大きな課題を発見させる契機になることもあります。新人職員は相手の話をよく聞く「聞き上手」になってください。

育成期間

新入職員は短い時間で知識や経験を一定レベルまで身に着けなければなりませんから大変です。著者が若いころは、先輩に「見習い期間は三カ月」、と言われたことがありました。三カ月ではとても施設を熟知するには至りませんが、職場に配属されてから三カ月くらいで一通り仕事ができるようになってほしいということです。覚えることが多くて大変かもしれませんが、人事異動の期間が二年から三年であることを考えると、いつまでも新人扱いはできないでしょう。下水道に関する市販参考書、マニュアル、事故報告書などを読んで、現場で照らし合わせる毎日が続きますが、いずれ計画、設計、建設、などの他の職場に異動した時、最初の職場の経験は大いに役に立ちます。

教える職員

以上は、誰でも通過するジョブローテーションの最初のステップですが、一日も早く「教わる職員」から「教える職員」になることが大切です。それには、自分の専門性を生かして得意な分野を作ることです。その分野に関しては秀でている、と自他ともに認めることが大切です。すると職場で当てにされる機会が増えてきます。これは自己研鑽の成果です。そのために、時間と資金を投資しましょう。

ベテラン職員

新入職員から見るとベテラン職員は雲の上の人です。ベテラン職員は、施設の配置や下水の流れを熟知しているだけではなく、問題個所、問題解決のコツ、うまくいかなくなった時の次善の策など、次から次へと解決策が湧き出てきます。この新人職員とベテラン職員との違いは何でしょうか。

知識や経験は時間をかければ習得できるものです。しかし、これから何が起こるかを想像する能力や誰もが見落とすような些細なことに対する気づき、さらに洞察力や統率力は経験だけでは得られません。ベテラン職員は、新たな仕事に対する挑戦や周辺の領域に対する関心、責任の重さなどに対して、新人職員が下水道の仕事に取り組む時よりはるかに多くの努力をしていることが普通です。その時、ベテラン職員はベテラン職員なりに知識力不足、経験不足を嘆いています。それは、施設を知れば知るほど難しさが見えてきて、知らないことが増えるからです。このベテラン職員の苦悩は新人職員にはほとんど見えません。しかし、ベテラン職員は新人職員より多くの汗をかいているのです。

以上の関係は、テニスやゴルフの初心者と上級者の関係と似ています。初心者は、なかなか上手にならないと嘆きながら、実はあまり練習には励みません。ところが、上級者は、その技量を維持するために時間とお金をかけて練習を続けています。初心者が上級者に近づくには、練習を好きになり上級者以上に励まなければいけない、と気づくことが必要です。練習を苦痛ではなく楽しみととらえることが大切です。

尊敬できる先輩

新人職員にとって、職場で尊敬できる先輩職員を探し出すことは重要です。小さな職場でも、上司やベテラン職員の中には、「さすが」と思わせる職員が仕事を仕切っていることがあります。探し出すのは先輩職員の全人格やオールマイティ的な仕事ぶりではありません。部分的ではあっても優れた能力に注目し、人格的にも優れた一面をみつけるように努めましょう。物事は、否定するところには創造は生まれにくいものです。「学ぶより習え」といいますが、相手の優れた仕事を尊敬して自分に取り込むことによって、先輩職員の良い部分を継承することができます。時には、反面教師的に先輩職員を見ることもあるでしょうが、尊敬して学ぶほうがはるかに容易です。

コメディアンの萩本欽一氏は次のように述べています。「怒られても嫌な気持にならない先輩というのを見つけることも大事かな。」「失敗をして怒られても一緒ににっこりと笑っていられる人がいたら、その人はきっと最高の先輩なんじゃないかな。」（『週刊文春』二〇二〇年六月四日号）

米国ニュージャージー州の施設熟知

著者が平成二十五年（二〇一三）に米国に出張してハリケーン・サンディによる下水処理

場高潮被害調査をした際、最初に訪れた現地ニュージャージー州のある下水処理場責任者から、彼の部下を名指しにして「この職員の豊富な経験が早期復旧に大きく貢献した」とほめちぎって紹介してくれたのが印象的でした。最初は聞き流していましたが、訪問した四つの下水処理場で、それぞれの責任者がどこでも同じ主旨の話をしていたので、これはただならぬことと受け止めました。

古くて複雑な米国NJ州ニューアーク・ベイ下水処理場配管（2013年）

外国から調査団が来た時に、下水処理場の責任者が自分の部下をほめあげるのは、日本の感覚ではなじみにくいことです。そこには、何か理由がありそうでした。

ハリケーン・サンディは百年に一度の高潮災害といわれています。当地の下水処理場の高潮災害では、どこの下水処理場でも長時間の停電や浸水で想定外の被害が出て経験したことのない対応を迫られました。このような時に最も頼りになる職員は、写真のような配管の入り交ざった複雑な現場を熟知した職員です。維持管理の職場は日常の業務と事故や災害時の仕事の変化が大きいので、その時に活躍できる現場を熟知している職員を普段から育成しておくことが大切です。育成の方法はいくつかありますが、ニュージャージー州の下水処理場現場責任者は、ベテラン職員の災害対応をほめちぎることで行っていました。ほめて育てる。上司からほめられて悪い気持ちを持つ職員はいません。この上司は、部下の優れた一面にスポットを当て、周りにいる職員も含めて誇りを持たせて気持ちよく仕事をさせたいと考えていたに違いありませんでした。

災害対策

事故や災害が発生すると、時々刻々と変化する状況に追われながら迅速に対応しなければならず、その対策に苦慮します。こういう修羅場の時に、複雑な施設を熟知している職員が大いに貢献したということは目から鱗(うろこ)でしたが、よく考えてみれば納得できることです。大事故や大災害対応は、誰もが経験したことのない稀な場合が多いです。そのような時にこれまでの事故や災害の経験にもとづいた事故対応や災害対策だけでは限界があります。一生に一度か二度しか遭遇しない想定外の状況の下で、最も力を発揮できたのは自分の施設を知り尽くした職員であったということでした。逆説的に聞こえますが、想定外の応用問題を解くには豊富な知識や経験だけでなく、どこに何があるか、とか、下水はどのように流れているか、などの現場の基本を熟知することが大切、ということでした。

医療面接に学ぶ　～医療と行政の共通点～

病人を診よ

東京慈恵会医科大学の建学の精神は「病気を診ずして病人を診よ」です。

これは高度な医療を駆使して病気は治せても、病人を治せなければいけないということです。例えば最近では、急性心筋梗塞で緊急入院した患者にはバルーンカテーテル療法やステント治療で比較的安全に対応できるようになりました。これでたくさんの患者の命が救われています。しかしその結果、患者が心不全に移行して入退院を繰り返すケースが増えているそうです。体の病気から心の病気に移行することもよくあります。高度医療で終わりではなく、病人の心の治療も必要になる、新たな病気も現れるということです。

東京都港区にある東京慈恵会医科大学（2020年）

建学の精神を読み替えると、部分ではなく全体を診る、ということになります。患者は体調に異常があると病院に行って症状を医師に訴えます。しかし、患者がすべての症状を正確に訴えることができるとは限りません。症状に現れない病気もあります。この時、医師は表面の病気だけを治療するのではなく、内在する病気を予見し、発見することが大切です。

医師が患者を診察する時は、まず症状を聞きます。この行為は、医師が問い、患者が答える問診です。しかし最近では、一通り問診をしたうえで患者からの自由な発言を求める*医療面接を行うことがあります。つまり、医師は患者の身体的な情報だけでなく心理状態や社会的背景に関する情報も聞き出し、患者の個別の状況を把握するように努めます。これと共に、医療面接を通して患者との間に信頼関係を築くことも大切です。この二つは「病人を診る」ことに通じるという考えです。（＊『医師と病める「人」との対話』野村馨、雑誌こ福、臨済宗建長寺派宗務総本院発行、二〇二〇年第一一一号二一頁）

以上のように、診察の方法が従来の問診から医療面接重視に変わってきた背景には、高齢化社会の中で衰えてくる機能を見極めながら複数の慢性疾患をかかえた患者を診る機会が増えてきたことがあるそうです。

信頼関係

　これまでの医療では、患者からみた医師に対する信頼関係が重視されていました。つまり患者は、医師が自分を人ではなくモノのように見ているのではないか、とか自分に何か隠しているのではないか、という不安の気持ちを持ちやすいものです。これを医師側から取り除くことが健全な医療につながるという考えです。もう一つの信頼関係は医師から患者を見たものです。患者は自分の症状のすべてを話していませんし、話せません。突然、別の病院に移ってしまうかもしれません。処方した薬を指示通り服用していないかもしれません。医師がこのような疑いを抱くと、どうしても表面上の診察で終わってしまいます。この相互の不安、疑いを払しょくして信頼関係を構築するのが医療面接です。

　ある開業医は信頼関係を築くために、患者を身内のように思いながら診察していると述べています。別の家庭医は、診察する時は患者が前回来た時との違い、変化を見つけ出すように努めているそうです。こうした場合、医師にとっては医学の専門知識や経験に加えて、患者への思いやりやリスペクトが必要となります。患者にとっては、診察時に症状を訴えるだけでなく、自分が抱いている不満や不安、または期待を伝える勇気が必要です。あわせて、病気は自分自身が治す、医師はその手助けをしてくれるもの、という認識が大切です。そのためには、自分の病気を自分なりに調べて理解することが必要です。誰でも悪性腫瘍などの重大な病気になると、破れかぶれになって自暴自棄になったり、すべてを医師に委ねたり、過渡に心配しすぎてノイローゼになったりすることが多いです。その兆候を患者自身が感じたら、医師や看護師に率直に相談したらよいでしょう。それも信頼関係につながります。

AI時代

医療の世界ではＡＩによる診断やロボットによる外科手術が進んでいます。医師が検査データを確認したり、診断しようとする時、ＡＩによる医療診断支援システムは有効です。囲碁の世界では平成二十九年（二〇一七）にＡＩを用いたAlphaGoが世界中のトップ棋士たちに六〇連勝し、「ついにＡＩが人を越えた」と話題になりました。医療診断支援システムはAlphaGoより簡素ですから、こちらも人を越えているとみてよいでしょう。ただし注意しなければいけないことは、ＡＩは一定のルールの下に能力を発揮するもの、ということです。したがって、状況が変わると弱体化するか無力になることがあります。例えば、囲碁会場で火災が発生してもAlphaGoは手を止めずに囲碁を打ち続けるそうです。歩くこともできません。ここに人間の存在意義があります。医療の世界で医師や看護師は、「＊ＡＩとデータに得意なことはＡＩとデータに任せ、それで浮いた余力をヒトしか生み出せない価値の打ち出し、ヒトにしかできないこだわりやあたたかみの実現」に傾注することになります。したがって、医師にとって医療面接はこれまで以上に重要になってくるはずです。（＊「シン・ニホン」安宅和夫、株式会社ニューズピックス、二〇二〇年、四六頁）

あたたかみ

ときおり、医療におけるこだわりやあたたかみに出会うことがあります。著者が地元のある病院の消化器内科で大腸内視鏡検査を受けた時のことでした。担当の医師は最初に検査手順を丁寧に説明してくれました。検査が始まると、「これから検査を始めます」「湾曲部を曲がりますが痛くはありませんか」「一番奥に届きました」、と言葉をかけ続けてくれました。時には著者に意見を求めることもありました。この時は小さなポリープが発見され、「取りましょうか？」」、「お願いします」という会話が交わされて内視鏡下でポリープの切除と止血をしてくれました。そのため検査は一時間近くかかりましたが、絶え間ないコミュニケーションで不安や苦痛はかなり軽減されるのを感じました。検査におびえているとわずかな痛みも不安につながりますし、時間も長く感じたはずです。患者にとっては、いつでも医師にサインを出せる関係が確保されているとわかると安心感が高まるものです。

介護の現場でも、利用者を介護する時は要介護者に対してこれから行う動作を大きな声で予告しながら体を起こしたり食事の世話をすることになっています。すると、相手は介護を受け入れる心の用意ができるので安心するものです。不安やおびえを取り除くには、絶え間なく変わる状況を明確に伝えることと、患者、要介護者からもメッセージを出せるような関係を確保しておくことが重要です。

医師と患者の関係は、下水道職員と市民の関係に似ていて、リスクコミュニケーションに通じることでした。

2.「人材育成・誇りとリスペクト」

下水道は汚い仕事です。しかし、「汚い仕事だからきれいな仕事でもある」というシェイクスピアの名句が思い起こされます。人の能力は誇りとリスペクトで発揮されます。下水道界は人材豊富ですので、誇りとリスペクトをどのように継承してきたかをアンケート形式で集め分析してみました。すると、予想を越えた技術継承の実態が見えてきました。知識や経験が世代を越えてよどみなく伝わり、それが新たな展開を始める力になることこそ技術継承です。

「汚いといったお嬢さん」～シェイクスピアに見る下水道～

下水道広報映画

これは、昭和二十五年（一九五〇）に東京都水道局下水道課が制作した下水道広報映画の題名です。映画は、下水道部門の偉い人が知り合いのお嬢さんに下水処理場の水質技師への縁談を持ちかけるところから始まります。そのお嬢さんは、最初は乗り気でしたが相手が下水道の仕事をしていることを知り、汚い仕事をしている人のもとにはお嫁にいきたくない、と断りました。しかし、間に立った偉い人は、別の日にお嬢さんをレストランに招き、改めて下水道の仕事の内容を説明する機会を作りました。すると、そのお嬢さんは下水道の仕事が社会の役に立っていることを知り、自分の目で確かめたくて下水処理場へ見学に行く、という筋書きです。

歌劇『売られた花嫁』序曲

この中で、お嬢さんに下水道の仕事を説明するかたちで下水道の三つの役割である公衆衛生の向上、公共用水域の水質改善、内水はん濫防止を解説しています。映画では、昭和の空

三河島汚水処分場を背景にした『汚いといったお嬢さん』のフィナーレ（1955年、東映製作所より）

気がみなぎる市街の風情、小津安二郎バリの父娘の会話やお嬢さんの入浴シーンなど、当時の映画人のセンスが伝わってきます。とりわけ、三河島汚水処分場の散水ろ床が稼働している場面や東京大手町の大通りで肥桶を積んだ馬車が通る場面、江東デルタ地帯の浸水で道路を船で渡る場面など貴重な映像が盛りだくさんです。また、映画の最後にお嬢さんが未来の夫から下水処理場を案内してもらう場面では、写真のように三河島汚水処分場のパドル式散気装置を背景にしてスメタナの歌劇『売られた花嫁』序曲の軽快な音楽が流れるなど、しゃれた演出もありました。

広報の効果

映画を見て、これを越える下水道広報映画があるのか、という素朴な疑問を感じました。七〇年以上前の広報映画にもかかわらず、現代の下水道の伝えるべき基本はすべて網羅していますし、ストーリー性もあって分かりやすく、何度見ても飽きませんでした。見方を変えれば、下水道当局はこのような優れた広報映画を昔から発信し続けてきましたが、下水道の大切さや役割が今でも十分に都民に浸透しているとは思えない現実に驚かされました。下水道は社会インフラの一つですが、市民の認知度は依然として低いです。

汚いはきれい

そこで、今後に向けてとるべき広報戦略は次の三つです。

一つは、愚直なまでに下水道の実態である基本的価値を繰り返して発信しつづけることです。「汚いといったお嬢さん」にも出てきたセリフですが、「縁の下の力持ちで構わないから黙々と社会を支えていく」決意を地道に伝えます。

二つ目は、汚泥の資源化や再生水利用、降雨レーダーや下水熱利用など、下水道の付加価値に絞って下水道の可能性や発展性、すごさを伝えます。ここまでは現在も進めている広報戦略です。

そして三つ目は、汚いという下水道の印象を逆手にとって、「汚いはきれい」と主張することです。

「汚いはきれい」の語句は、実はシェイクスピアの四大悲劇、マクベスの冒頭に出てくる魔女のセリフ「綺麗(キレイ)は汚い、汚いは綺麗」という対句の引用です。マクベスでは、人間心理の複雑なようすを魔女に語らせているのですが、「綺麗」と「汚い」の関係を下水道に置き換えてみるとわかりやすいです。美しく近代的なビル群は大量の水を使い汚い下水を流します。下水道はその下水を集めて浄化し、川や海を守ります。これが、都市の「綺麗は汚い、汚いは綺麗」の由来で、下水道のブランド価値につながります。

昔、「下水道は汚いものを綺麗にするのだから世界で最も綺麗な仕事」と教えてくれた先輩がいましたが、そのルーツはシェイクスピアなのかもしれません。

下水道は、誇り高い仕事です。

臭くない下水道 〜流れる水は腐らず〜

下水管きょ内は意外と臭くない（2001 年）

流水不腐

下水道が汚いと言われている理由の一つは下水が臭いことです。下水道管の中の下水は、ドブのようによどんでいて腐り、臭いということです。しかし、実際に下水道管の中に入ってみると、意外と臭くありません。写真のように人が下水道管に入る時は、まず可搬式の送風機で清浄な空気を下水道管内に送り込んで安全な状態にし、計器で酸素濃度や硫化水素などの有害ガス濃度を計測して安全を確認することになっています。だから臭くない、というかもしれませんが、実は下水は流れていればそれほど臭くないものです。流れることによって水面から酸素を取り込んで水中で拡散し、下水を好気性にして悪臭を放つことを防いでいるのです。また、下水道管を流れている下水はＢＯＤで平均一〇〇～二〇〇ミリグラム／リットル程度ですが、その中には極めて汚れたトイレ排水とほとんど汚れていない風呂や台所の排水などが入り混じっていて、下水管の中を流れるうちに汚れを希釈していきます。一定の流速があれば、下水中の固形物は管底に沈殿することなく下流へ流れていきます。

流下速度

下水道管は自然に流れるように*数パーミリの勾配で設計されています。（＊パーミリは千メートル進んで一メートル下がる勾配のこと、河川工学用語）水はこの程度の勾配では秒速一メートル弱、時速三・六キロメートル程度で流れます。この流速は人が歩く速さに近く、結構早いです。この流下速度は農業用水路などの人工水路を設計する時も用いられていて一般的なものです。流速が早すぎると水路が深くなってしまい、遅すぎると固形物が沈殿してしまいます。もし、下水道管の勾配が緩くなると、下水の流れは極端に遅くなります。場合によっては停滞してしまいます。すると、水面からの酸素の供給が減り、管底には汚物が堆積して一気に下水の腐敗が進み、悪臭が生じます。下水道管の勾配が緩くなる原因としては、地盤不等沈下や工事施工不良などが考えられます。

悪臭苦情

下水道の苦情の多くを占めるのは悪臭です。特に、窓を開け放つ夏季には下水温度が高くなることもあって悪臭の苦情が増えます。しかし、苦情の原因の大半は下水道管からではなくビルの地下に設けられたビルピットであるといわれています。ビルピットは、ビルの汚水排水を一時地下貯留槽ビルピットに貯留して満水になったらポンプで下水道管に排水します。一時貯留する理由は、一度に大量の汚水を下水道管に排出することで下水道管から汚水があふれ出すのを防ぐためです。一時貯留している時は流れはありませんから腐敗し、悪臭を発生します。ポンプで下水道管に排水する時も、汚水を攪拌したり、急激な圧力降下があるので悪臭ガスの発生を促進します。週末になると、ビルの活動が停止して下水が発生しなくなり、結果的に二日間もビルピットの中に下水が滞留することになります。すると、月曜日の朝、排水が増え始めてビルピットからポンプで下水が排水される時に、排水場所付近の公共ますや雨水ますから悪臭が地表に出て、「下水が臭い」、という苦情が寄せられることになります。

悪臭は発生源を絶つことが根本対策です。現場をよく調べて悪臭発生源を突き止め、ビル管理者に改善を求めるのが基本です。

都市の静脈

下水がよどみやすいところは、伏せ越しと沈砂池です。伏せ越しは下水道管が河川などと交差する時、逆サイフォンで河川の下を通過させることです。伏せ越しは、その構造上から管内に堆積した砂を時々浚渫して下水の流れをよくしてやる必要があります。沈砂池は、できるだけ下水が滞留しないように沈砂池の残留水や砂をジェットポンプで除去するなど、やはり溜めない努力がされています。

下水道は都市の静脈といわれていますが、考えてみればそのとおりです。下水も血液も流れが止まると大変なことになります。下水がよどめば悪臭が発生するし、血液が滞留すると血栓ができて脳梗塞や心筋梗塞の原因になりかねません。ちなみに、血管内の血液の速度は大動脈では平均で秒速五〇センチメートルといわれていますから、下水の半分の速さです。

下水道管を血管に例えれば、時々下水道管を清掃して流れを良くしなければいけません。血管では血液が固まりにくくする抗血栓薬を服用して血流を維持していますが、下水道でも管内清掃をして固形物の堆積を防いでいます。

新人職員時代　～離陸のためのアドバイス～

事務分掌

地方公共団体の下水道部門に配属された新人職員へのアドバイスです。

初めての職場では、最初に自分の仕事と職場を理解することが大切です。そのための要点は以下の三点です。

①職場の先輩や同僚の名前を覚え、よい人間関係を作ることです。例えば職場の座席表を手に入れて先輩や同僚の名前を覚えます。座席表は総務部門や庶務部門の職員に頼めばすぐ手に入ります。

②どこの職場でも必ず庶務部門に備えている事務分掌規則を手に入れて自分の仕事を文書上で確認することです。ここには、自分が何を目的に配属されているかが記述されています。この文書は、すべて法令で定められています。表面上はわかりにくいですが、理解して使いこなしましょう。

③下水道法を一通り読んでください。逐条解説書ならベターです。下水道事業の基本的なことが余すことなく記述してあります。

仕事へのリスペクト

新しい職場で、上司から指示された最初の仕事はつまらないものにみえるかもしれません。現場に配属されると、新入職員はなぜこんな仕事をしなければならないのか、と思う状況が現れるかもしれません。特に、下水道の現場に配属されると、公務員試験を合格したのに、なぜこんな汚れた仕事をしなければならないのかと思うかもしれません。しかし、ものは考えようです。仕事を嫌がり、軽蔑すると、そこからは何も学べません。逆に、どんな仕事でも仕事に対してある種のリスペクトを抱くと、そこから新しい可能性や意義、改善項目が現れてきます。

長年下水道の仕事をしてきた著者にとって、最初の職場は東京都下水道局森ケ崎水再生センターでした。それから半世紀も経ちましたが、この職場で今でも記憶に残っている仕事は、配属されてまだ数カ月しか経っていない夏のある朝、出勤すると職員全員が高ぼうきを持たされて街の掃除に駆り出されたことでした。後でわかったのですが、前夜に集中豪雨があり森ケ崎水再生センターの付近で下水道管から下水が逆流してしまいました。その結果、街が浸水して水が引いた後に道路がごみで汚れてしまいました。その清掃に駆り出されたのです。この体験は後々に何度も思い起こされて、下水道の原体験として大いに肝に銘じたものでした。当時の上司は、著者を新人職員の教育のために高ぼうきを持たせて街に出したとは思えません。おそらく、猫の手も借りたい中で、動員したものと思います。しかし、著者にとっては何物にも代えがたい貴重な原体験になりました。つまり、現場には宝が埋まっているのです。土俵に金（カネ）が埋まっているという名言を残したのは土俵の鬼・初代若乃花でしたが、下水道の現場も同じです。仕事の原点がさりげなく転がっているのです。それを見つけることができるかどうかはあなた次第です。

得意分野

新入職員にとって、最初の仕事はルーチンワークが多いでしょう。それは仕事を与える上司があなたのことをよく知らないので、あなたのようすを見ているのです。逆に、とてもこなせないような難解な仕事を与えられることもあります。これも上司があなたの経験や知識をよく把握していなくて起こることです。その時大切なことは、何はともあれ誠実に取り組むことです。仕事はつらくて苦しいもの、という仕事観はプロテスタント的です。儒教的には、仕事は人生、人事を尽くして天命を待つという仕事観だそうです。仕事はゲーム。行く手を阻む壁を乗り越える楽しみもある、という仕事観もあります。あなたがどの立場に立つかは自由ですが、昔著者の先輩から投げかけられた次の一言が耳に残っています。

「どうせやるなら楽しくやったほうがいい。」

しかし、いくら自分に言い聞かせても、つまらなかったり辛い仕事はなかなか楽しめません。再び著者の経験によると、仕事を楽しむには自分の得意分野を作り、仕事で得意分野を生かせるように努めることです。

汚泥界面計

著者の新人職員時代の得意分野は計測制御技術でした。配属された下水道の職場には計測制御技術の専門家はほとんどいなかったのが幸いし、新人にもかかわらず、最初の配属先で汚泥界面計を皆で手作りする仕事に声がかかりました。

当時、最終沈殿池の汚泥浮上に手を焼いていたのですが、製品化された汚泥界面計はまだ販売されていませんでした。そのため、何とかリアルタイムで汚泥界面状況を知ろうということで手作りに取り組むことになりました。そこで下水処理場の水質担当者、機械工事担当者、修繕担当者、それに著者がチームを組んで汚泥界面計の製作に挑戦しました。リーダーは機械工事担当者で一年先輩の吉田憲一氏でした。ベテランの水質担当者は汚泥界面計の原理や利用方法を考え、機械工事担当者は全体の設計を行いました。彼の設計では、二本の二メートル近い金属筒を平行に配置し、一方に光源の棒状蛍光灯管を入れ、他方にフォトダイオードを一〇センチごとに配置し、金属筒の細長いスリット状のガラス窓を通して金属筒間の汚泥の有無を光学的に検知することにしました。当時、金属筒と細長いスリット状のガラスの窓枠の製作は出入りしている鉄工所に外注しました。蛍光灯は在庫の品を利用しました。著者は電子技術関係を担当し、フォトダイオードや表示機、電子回路素子を秋葉原ラジオストアで購入し、はんだ付けでバラックと呼ばれるプリント基板上に電子回路を組み上げて準備しました。現場での取り付けは修繕担当者が水再生センター内の工作場と呼ばれる小規模な金属加工工場で器具を自製しました。汚泥界面計は、写真のようなミーダー式と呼ばれる地上レール走行式の汚泥掻き寄せ機本体に設置して使用し、本体が最終沈殿池の流下方向と逆に走行して汚泥を掻き寄せる時に界面を計測し、汚泥界面連続断面図を作ることができました。これは、当時としては画期的なことで、吉田氏が代表になり日本下水道協会の下水道研究発表会などで発表しました。

ミーダー型汚泥掻き寄せ機 （米国 NJ 州ニューアーク・ベイ下水処理場、2013 年）

そして、この仕事を通じて新人職員の著者はたくさんの友人ができました。

自己啓発のあり方～欠かせない自分への投資～

著者は計測自動制御学会と、電気学会、環境システム制御学会の三つの学会に所属しています。

次は中堅職員の話です。

計測自動制御学会

平成三十年（二〇一八）秋に計測自動制御学会から、「入会してから五〇年になるので来年以降からは会費免除の永久会員です。」という連絡がきました。五〇年前はまだ学生でしたが、当時、背伸びして当学会に入会しました。都庁に採用されて最初の職場で計測制御技術が役に立った話は前章でしました。芸は身を助ける、です。

学会誌は毎月送られてきましたから、五〇年でその数は六〇〇冊に及びます。都庁に採用された係長の時には、下水道の職場で学会誌の工業用コンピューター特集をテキストにして勉強会を開いたことがありました。そして、一五年ほど前には、同学会が計測エンジニアという資格制度を作ったので応募しました。この時には論文提出と面接試験があり、論文は「下水熱の利用」を自動制御の観点で書き、面接では「東京アメッシュ（下水道用レーダー雨量計）」の話をしました。

電気学会

電気学会は元都庁水道局の船井洋文氏に勧められて入会しました。当時の電気学会は学究的な傾向が強く、大学研究者を中心に運営されていましたが、元横浜市下水道局の加藤隆夫氏が地方公共団体技術者も電気学会活動に加わろうと声をあげ、電気学会内に公共施設技術専門委員会を立ち上げ、初代委員長に就きました。著者が声をかけられたのは、その時でした。その後、船井氏が二代目委員長を務め、著者は三代目委員長に就任しました。令和三年（二〇二一）時点では、委員長は六代目になって東京都下水道局の井上潔氏です。この委員会は上下水道の産官学メンバーが集まり運営しています。地方公共団体技術者としては学会活動を通して他都市との交流を進めたいという意図がありました。企業技術者は客先である地方公共団体技術者が参加している学会は参加しやすいという空気がありましたが、お互いにコンプライアンスには十分注意しました。この活動を通して地方公共団体技術者と企業技術者が学び合うという関係ができ、この関係は現在も続いています。著者はこの委員長を三期六年務め、その活動が認められて後に電気学会から上級会員の資格をいただきました。

環境システム計測制御学会

三番目に所属した学会は環境システム計測制御学会です。こちらは、課長職についてから入会しましたが、電気学会より小規模なのでフレンドリーな学会です。入会してから数年後、地方公共団体技術者会員を増加させようという動機で著者は副会長に推薦され、同職を三期続け、その後名誉会員になりました。副会長の時には、東日本大震災が発生して日本中が大混乱になりました。その際、当学会では社会的に何ができるかと考えて震災発生から八カ月後の平成二十三年（二〇一一）十一月に調査団を編成して現地の下水処理場被害調査を行ないました。団長は京都大学の田中宏明先生で、著者は副団長として参加しました。

ハリケーン・サンディ下水処理場調査団（米国NJ州シェラトンイートンタウン2013年）

すると、翌年、米国ニュージャージー州でハリケーン・サンディの高潮被害が発生しました。こちらでも多数の下水処理場が被災したので、調査団を編成し、災害から十二カ月後に写真のように一週間の米国現地調査を決行しました。この時は、著者は調査団の団長として加わりました。この二つの活動は、当学会に属していたからこそ実現できたものです。

自己啓発の意味

著者は、以上の三つの学会活動を自己啓発の一環として続けてきました。都庁では職員の職位や専門分野に応じた研修制度があり、必要な技術や知識をリニューアルする機会があります。しかし、職務以外に自分の興味や必要とする知識、能力を身に着けるには、自分の時間を使って、自分の費用で行なうことが必要です。これはつまり自分への投資でした。実際、三つの学会活動を振り返ってみると、これらは一種のボランティア活動でした。誰かから与えられるものではなく自らの意志で参加するものでした。例えば、学会の研究発表会に論文を投稿する時、投稿者は原稿料を得ることはできず、逆に学会に投稿料を支払って発表しました。研究発表会への参加は休暇を取って参加しました。研究者なら論文を掲載することが研究実績になりますが、実務者である地方公共団体技術者にとっては公務への貢献は無いとの判断です。この関係は自己啓発という点からは納得できるものです。なぜなら、自分の時間と自分の費用で自主的に参加するのがボランティアであり自己啓発であるからです。言葉を変えれば、論文を執筆したり学会の活動に参加するのは自分のためであるということです。自分への投資なのですから自分が負担するのは当然のことでした。

専門家への契機

自己啓発には興味深い効果があります。例えば、仕事が終わってから英会話学校に通うとします。すると、多少英会話能力が身に着き、それが知られて職場で国際関係の仕事の声がかかることがあります。そこでなんとか最初の仕事をこなすと、次は一層複雑な仕事が回ってきます。そのたびに苦労はしますが仕事を通じて英会話の能力を高めていくことになります。つまり、自己啓発で始まった最初の小さな一歩が、専門家への道を開いていく可能性があるということです。このように、自己啓発は種火のような効果があります。

一〇年の意味

著者の経験では、このような自己啓発による専門家への道は、およそ一〇年かかります。著者は、都庁に入ってから約一〇年で係長に昇進しました。係長といえば、都庁組織の最小単位であり、その職場の責任者ですかられっきとした専門家です。三つの学会活動でも結果的に一〇年単位で専門性を身に着け、人脈を形成してきたと思います。都庁を退職して（公財）日本下水道新技術機構に勤務しましたが、六年後にそこを退職した際、最後の下水道とのかかわりとして下水道の技術継承を志しました。そして令和三年（二〇二一）で一〇年目になりましたが、一応この分野では講演会をこなし、二誌の下水道専門誌に毎月技術継承の連載を書いています。それをまとめたのがこの本ですが、一〇年かけて下水道技術継承の専門家に近づいたと考えています。

一〇年の期間

一〇年が長いか短いかという議論はあります。若い人には一〇年の長さは無限に聞こえるかもしれません。しかし、単純に考えれば、職業人生が約四〇年間とすれば四種目くらいの分野で一応の専門性を持つことができる計算になります。都庁に技術職で採用された場合には、採用時の専門性が重視されるのは主任、課長補佐までです。課長以上の管理職になると組織管理が主な仕事になり技術とは別の専門性が必要になります。二つ後の章で述べますが、下水道の技術継承アンケートでも、何人かの下水道技術者は「ストック・マネジメントの仕事をするにあたって生まれて初めて簿記の勉強を始めました」、と答えています。自己啓発に何のテーマを選ぶかは各自が自分の目的や好み、適性、おかれた状況を把握して決めることです。身近な同僚や先輩の実績を知ることも一つのヒントになります。

東京50から始める～東京50（フィフティ）アップ～

無償配布本

退職後の地方公共団体技術者の身の振り方を紹介します。といっても、退職後は地方公共団体技術者にとらわれることはなくなりますので、一般の話です。退職後の動向は、現役職員にとっても無関心ではないはずです。なぜならそれは現役職員の近未来像を示しているからです。

東京50アップ小冊子
(2020年)

行きつけの歯科医院に、「東京50アップ」という小冊子が山積みされていました。手に取ってみると、東京都福祉保健局が令和二年（二〇二〇）四月から都民向けに無償配布を始めた本でした。この時期はコロナ禍の一回目の緊急事態宣言発令に重なりましたので、実際に配布が始まったのは同六月ころでした。この本は、写真のようにイラスト満載です。内容は、五〇歳以上の都民を対象とした第二の人生へのガイドブックで、仕事、学び、趣味、社会貢献、健康など、退職後の準備を支援するものでした。

退職者の類型

いずれ誰でも退職する時期がきます。その時あなたはどうするか、という問いに対する一定の答えを、この本は用意しています。最初に、読者を社交派、のんびり派、アクティブ派、独立独歩派の四つの類型に分け、それぞれについて仕事、趣味、学び、社会貢献の可能性を分析し、具体的な事例を交えて各自の将来像を描いています。

退職後の仕事

仕事に関しては、社交派は人脈を生かして起業したり、自分のお店を持つという選択肢があります。のんびり派は再雇用制度に応じて同じ職場で働き続けたり、知り合いのいる会社に再就職します。アクティブ派は新しい世界に飛び込むかもしれませんが、できれば経験のある業種・業界で活躍するのがベターです。そして、独立独歩派は、移住や独立、起業などがらりと違う職業に挑戦する傾向があります。

退職後の仕事で共通するのは、①今の仕事を続けたい、②新たな仕事に就きたい、③起業してみたい、④ちょっとだけ働きたい、の中から選ぶことです。一般的には、退職後の仕事は減収しますので、働く理由や働き方を考えることが大切です。

退職後の学び

興味深いのは学びについての分析です。社交派にとっては、人と交わることが苦になりませんからスクールやセミナー受講を通して新たなネットワークづくりを進めます。のんびり派は、興味を持ったことをじっくりと極めることが向いていて、独学や通信教育を利用するとよいそうです。アクティブ派にはセミナーやスクールに通うとお互いに教えあったり一緒に勉強する楽しさがあるそうです。そして独立独歩派は、自分のテーマを徹底的に追及すべき、としています。

退職後の学びは①生きるための学び、②楽しむための学び、③社会と繋がるための学び、に分かれます。充実した退職後の学びを送るには自分にどのような学びが必要かを考えてみることが大切です。

退職後の趣味

退職後は自分で自由にできる時間が増えます。その時間を新しい趣味に当てると、社交派は新しい友人や知人が増え、毎日が活性化してきます。のんびり派は自分のペースで本を読んだりウォーキングをして気ままに楽しむことができます。アクティブ派は展覧会に参加して自分の作品を出品したり、作品を販売できるような発展性のある趣味を選ぶとよいそうです。一方、独立独歩派は趣味の中から意義を見出す方向に進むことができそうです。例えば、郷土史を極めるとか日本の伝統を世界に発信するなどです。

退職後の趣味は、①体を動かす運動系、②教養・知識を得る学び系、③文化的活動を行う芸術系、④枠にはまらないノンジャンル系になりますが、自分が何をやりたいか、何を目指したいかを考えることがポイントです。

退職後の社会貢献

人のために生きる、これは社会性の基本です。社会貢献はその一つですが、社交派はボランティア活動が適しています。ボランティア活動を通して仲間との交流を楽しむことが肝心です。のんびり派は自分になじみのある近所のボランティアから始めるのがよいでしょう。各地域の社会福祉協議会に問い合わせると近くのボランティア団体を紹介してもらえます。アクティブ派は情報に敏感なので何をしたらよいか迷うかもしれません。その時はボランティアセンターを活用するとよいです。ボランティアセンターは地域の社会福祉協議会が運営していて、東京では各区に設置されています。そして、独立独歩派は自分らしく生きたいので自分の趣味に合ったボランティアを探すことになります。そうすることで、趣味の世界も広がります。

東京防災

「東京50アップ」は、本書第一編の五五頁に示したとおり、小冊子「東京防災」と似た企画です。「東京防災」は東京直下型地震に都民自ら備えることを目指して七五〇万冊二〇億円という規模で東京都の全世帯と全事業所にポスティングで配布しました。「東京50アップ」は、東京都の高齢社会を心豊かに築くことを目指して医療機関や都庁、区役所に置かれていて、「誰でも自由にお持ちください」というかたちの無償配布をしています。もちろん、両者とも東京都のホームページで電子版を手に入れることができます。

振り返り

以上は「東京50アップ」の紹介でしたが、実際にこの本を手にし、著者の経験と照らし合わせてみると納得することが多かったです。しかし、微妙な食い違いも感じました。まず、著者は四つの類型のどれに相当するのかと考えると、社交派ではありません。しかし、残りののんびり派、アクティブ派、独立独歩派のどれにも当てはまるような気がして一つに絞り込めませんでした。退職後の「仕事」は、ある会社の顧問をしていましたから、のんびり派かアクティブ派になるでしょう。

退職後の「学び」は、確かに、目的がなくても楽しいものです。晴耕雨読です。しかし、一方ですべてのことは学べないのですから、必要なもの、学びたいものを選び、学ばなくてもよいものと峻別する覚悟が求められます。また、現役職員からみると、退職後は時間が有り余っているように見えますが、実はそれほどではありません。時間の流れ方や使い方が変わってきます。学ぶための気力、体力にも限界がありますので、「足るを知る」が大切だと思っています。

著者の退職後の「趣味」は海外旅行とウォーキングです。海外旅行は、このところのコロナ禍で動けませんが、未知の土地に行くと相対的に日本の良さ、問題点が見えてくるのが面白くて、三〇代から続けてきました。

ウォーキングは、現役時代には無関心でしたが退職して講演会をするようになってから二時間立って話す体力維持のために始めました。最近では日課となり、近くの公園で四季折々の変化の中に身をおく楽しみを知りました。

最後の「社会貢献」としてのボランティア活動は、著者はほとんど無縁です。しかし、現在も下水道の技術継承をめざして著者なりに連載や講演を続けていますので、これらが広義の「社会貢献」と勝手に考えています。もっと言えば、現職の時は二年ごとに異動で仕事が変わりましたが退職後は好きなことを五年、一〇年と続けることができます。これは著者にとって生まれて初めての経験で、好きなことを続ける、時間を味方に付けるということでもありました。そして、熱意をもって下水道の危機管理や官民連携、技術継承を話す姿を現役の皆さんにさらし、共感してもらうか、または反面教師的に見てもらう。いずれにしても参考にしてもらえれば、これが著者の「社会貢献」です。ボランティアの精神は押しつけではなく「させてもらう」という気持ちが基本です。講演も連載も受け入れてくれる聴衆や読者があってこそ続けられるものです。現役の皆さんに些少でもお役に立てれば、という気持ちを大切にしたいと考えています。

以上、いろいろと述べてきましたが、退職後は人生の収穫期です。中国の古代思想では、人生を四季にたとえて「玄冬」「青春」「朱夏」「白秋」としています。フィフティ・アップは実りの秋としたいものです。

下水道技術継承の研究～技術継承の分析と理解～

下水道技術継承アンケート

著者は下水道技術継承活動の動向を分析するため、平成三十年（二〇一八）秋に全国規模で下水道技術継承アンケート（以下、アンケート）を行いました。そして、その集計と分析結果は論文（報告）「下水道技術継承の研究」にまとめて『下水道協会誌』令和二年（二〇二〇）四月号論文集に掲載しました。アンケートは政令指定都市の管理職技術者を中心に一六八名に依頼し、七六名（四五パーセント）の回答を得ることができました。その内容は、新人職員時代、中堅職員時代、管理監督者時代の技術習得の方法、技術習得の目標、暗黙知の位置付けや自己啓発の方法など、多岐にわたるものでした。

以下、その回答と分析結果です。

新人職員時代

そもそも下水道に携わっている地方公共団体技術者で、学生の頃に下水道を専攻していた人はほとんどいません。学んでいた人もわずかでした。そのため、大部分の新人技術者は下水道の基礎から学び始めなければなりませんでした。ある都市の土木技術者は新人時代に、「日本下水道協会等の各種マニュアルを読んで能力向上を図った。」と述べています。また、別の土木技術者は、「処理場などプラント設計の部署に配属され、下水処理場の容量計算書を読むように上司の係長から指示された。設計指針で単位施設の滞留時間や越流負荷量等を確認しながら読んだのが、処理場システムを理解するのに役立った。」と述べています。また、別の都市の電気技術者は、「先輩と巡視点検に行くのですが、その先輩は点検する施設に立ち寄り、それに関するいろいろな質問を投げかけ、私がそれに対して回答しながら巡視点検を行うことで下水道施設について知識を増やしていくことになりました。」と述懐しました。このように新人技術者の多くは上司、先輩の指導で実務を通して基礎的な知識を増し、経験を重ねてきました。

中堅職員時代

この段階は働き盛りです。職場では仕事を任され、同時に部下の指導も求められています。新人時代のように上司や先輩から教わる機会は減り、むしろ自分自身で判断したり部下に教えることが多くなる世代です。ある都市の土木技術者は、「係長になり、初めて管きょの仕事に就いた。現場の事務所であり、取付管、それにつなぐ排水設備のつまり、破損、本管のつまり、側溝の清掃、大雨時の浸水など市民対応を含め、じかに現場を経験した。」と述べていました。また別の都市の土木技術者は、「開発事業者との下水道整備に関する協議調整業務の中で、いかに行政側の負担を少なくするかを考え、開発関連法令や再開発区画整理、都市公団等の開発事業者や開発スキームを勉強し、過去の協定内容の負担額の見直しなど、大きな成果をあげた。」という声を寄せてくれました。

管理監督者時代

管理監督者になると、実務は職員や係長に任せて行政判断や他部門との調整、人事管理などの仕事が多くなってきます。もちろん、責任は大きくなり相談する上司、先輩は限られてきます。これは、管理監督者は孤独、といわれる所以(ゆえん)でもあります。ある県の土木技術者OBは、「多くのプロジェクトを立ち上げ、その中で技術習得に努めた。また、下水道後継者の育成を言われたこともあって、様々な研修会を企画したり、技術士取得の勉強会を行った。プロジェクトを運営したり、研修を行ったことは自らの技術向上にもつながったと思います。」と書きました。ある都市の電気技術者は、「下水道事業団や下水道新技術機構の各種評価委員に選定され、最新技術を勉強する機会も得ていた。」「公共事業全般にわたる技術管理（大規模工事技術審査、公共事業評価、低入札案件調査、CALS等）や建設営繕部門、

各職員世代の技術習得方法の違い（アンケートより）　（件）

職員世代	実務を通して	自分自身で	部外委員会	企業から聞く	その他
新人職員	40	16	6	4	3
中堅職員	33	20	11	3	0
管理監督者	25	11	16	4	4
合計	98	47	33	11	7

市場の管理運営などを経験する中で俯瞰的な見かた、外から見た下水道事業など経験を積むことができた。」と述べていました。組織の代表として各種委員会に参加しながら経験を重ねていきます。

技術習得の変化

表に、各職員世代の技術習得方法の違いを示します。表によると、どの世代でも「実務を通して」技術習得することが他の方法に比べて最も大きかったです。特に新人職員世代の技術習得は「実務を通して」が四〇件と他の世代に比べて最も多いです。前述の新人職員世代のアンケート事例にもあるように下水道の設計や管理の現場で上司や先輩の指導の下に仕事を通じて経験を積み、能力を着けている姿が見えてきます。それが中堅職員世代になると部下に教える役割が増えてきて、教えながら自分自身で学ぶという技術習得に変化していき、表では「自分自身で」が増加して二〇件になります。部下に教えている時に自分の知らないことに気づき、後で学び直すことはよくあることです。このように「自分自身で」技術習得することによって、それが仕事に結びつき、学ぶだけではなく新しい問題発見につながることもあります。そして、管理監督者世代になると技術習得は日本下水道協会や日本下水道新技術機構などの「部外委員会」に参加して意見を述べることで会得することが増えてきます。管理監督者の技術習得では、表の「部外委員会」は各職員世代中最大の一六件でした。技術の内容はオールジャパン的になり、広範囲、長期的な視野が形成されます。

技術士取得

地方公共団体技術者の技術習得目標として、多くの回答者が技術士資格取得を挙げていました。ある都市の電気技術者は、「仕事柄、メーカー、コンサルタント等と協議することから、プロとしての自分の技術力の証（自信をもって対応できる）として資格取得に努めた。下水道事業団出向時に技術士（上下水道部門）、その後総合技術監理部門、建築営繕時代には一級管工事施工管理士や第二種電気工事士などを取得してきた。」と述べています。地方公共団体技術者の大部分は、彼らのスタート台では下水道の知識はほとんどなく同列ですので、技術士（上下水道部門）取得は到達すべき目標となっているようです。

企業技術者への依存

アンケートを見て気になったことは、少数ながら新人時代に、「現場の施工管理は建設会社の社員から教わった」職員や「公共下水道整備を始めた時に役所に入ったため、先輩・上司にも下水道に関する技術能力はあまりなかった。このため、設計コンサルタント、施工業者にとにかく聞いた。だまされていたこともあったかもしれないが、複数の人に聞きまくって身に付けたと感じている。」と述べている職員がいたことです。表でも、各職員世代を通して、少数ながら「企業から聞く」実態がありました。

新人時代に実務を通して技術習得し、中堅職員時代に自分自身で技術を身に着ける過程で身近にいる企業技術者から教わる状況は理解できます。特に小規模職場や下水道の経験が少ない職場ではありうるケースです。それだけに、企業技術者から技術的情報提供、指導をうける時は、地方公共団体技術者としての矜持（きょうじ）（自分の能力を信じて抱く誇りのこと）と責任を自覚しなくてはいけません。コンプライアンスも守らなくてはいけません。公共事業は官と民との協同で進めるものですので、お互いの信頼関係が大切です。仮に、地方公共団体技術者の知識や経験が少なくても信念や熱意を持っていれば企業技術者は敬意をもって接し、技術的情報提供をしてくれるはずです。この関係が大切です。

技術継承のライフサイクル（アンケートより作成）

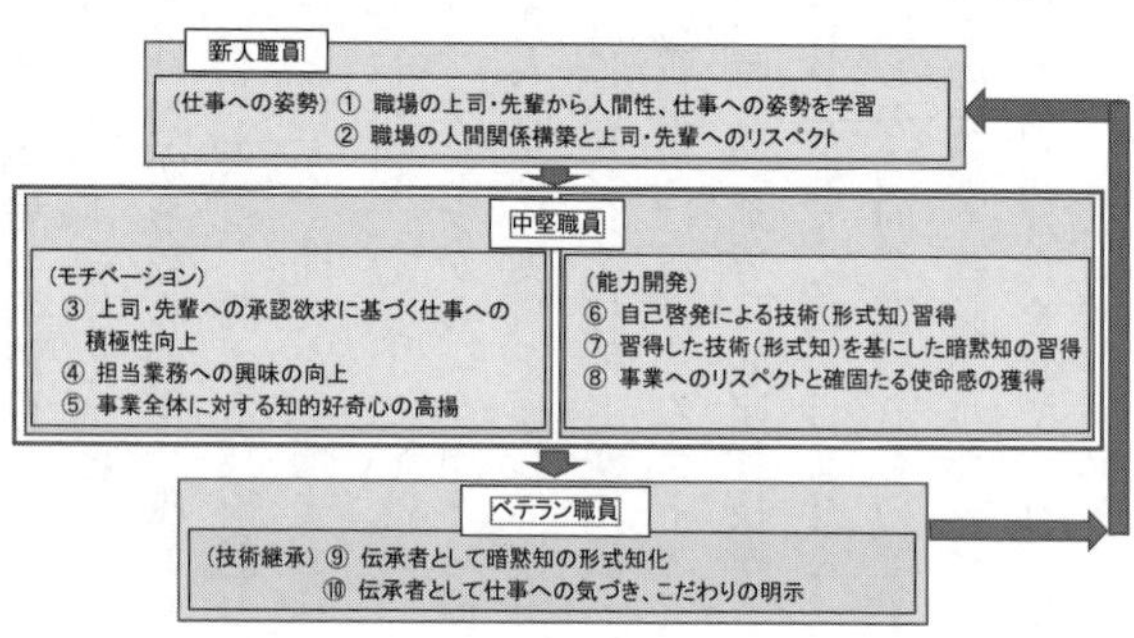

技術習得のまとめ

職員の技術習得の認識については、回答を新人職員世代、中堅職員世代、管理監督者職員世代に分けると、新人職員世代は実務を通して習得し、中堅職員世代は自分自身で習得し、管理監督者職員世代は外部委員会に参加して習得している姿が見えてきました。職位階層ごとに技術習得のかたちが違うことは興味深い結果でした。

また、技術継承はベテラン職員が中堅職員や新人職員に向けて行うことになりますが、回答からそれぞれの段階で行うべき役割をまとめてみると図の「技術継承のライフサイクル」になります。ここで、新人職員世代は「仕事への姿勢」を確立します。中堅職員世代は「モチベーション」と「能力開発」に努め、ベテラン職員は「技術継承」の基点となることが期待されます。このような技術継承の流れ図において大切なことは、ベテラン職員では暗黙知の形式知化、新人職員と中堅職員では上司や仕

ベテラン職員が行使した暗黙知の認識主体（件）

本人	13
本人以外	53

事へのリスペクトであることが確認されました。なお、ここでのベテラン職員は管理監督者も含む広範囲の経験豊富な職員という意味です。

暗黙知

暗黙知については、回答者の職場での具体的な事例が多く寄せられましたが、これらを分析すると、過去、現在、未来の時間軸、または問題発見と解決策提案に分類できることがわかりました。この内、問題発見に関する回答は一六件、解決策提案に関する回答は三二件でした。さらに、暗黙知の認識に関する回答は、表のようにベテラン職員本人が認識して行使したものが一三件、本人以外が認識したものが五三件でした。この結果、暗黙知の認識は暗黙知を抱えているベテラン職員本人よりも周りの職員が認識する場合が圧倒的に多く、暗黙知をマニュアルやＢＰＣに落とし込む時にはベテラン職員本人とともに周りの職員の意見も収集することが大切であることがわかりました。暗黙知については、三一八頁の「暗黙知の技術継承」の章で詳しく記します。

自己啓発

技術継承とともに、技術力維持のために重要なことは自己啓発です。しかし、アンケートでは自己啓発は積極的にはあまりなされていないか、しているという認識が乏しいことがわかりました。乏しい認識の中で自己啓発の中心は英語や技術士資格取得でした。この結果、自己啓発は個人にゆだねるだけでは不十分で、組織的に促す仕組みが必要であることがわかりました。

自由意見

自由意見では、技術継承は必要に応じて行われているとする楽観論と職員数の削減で技術継承ができなくなっているという悲観論が錯綜しました。その中で、「既存の施設を調べていくうえで、先人たちの多くの知恵や先進性を感じることは多くある」という意見や、「現状の課題に対して何か新しいことを行おうとした時に、現状や過去のことを調べ自分で考えることで深い理解の技術継承が行われているのではないか。」とする意見が目を引きました。つまり、技術継承はベテラン職員から一方的に与えられるものではなく、ベテラン職員と新人職員、中堅職員との間の共同作業であるということでした。

まとめ

アンケートを通して、技術継承は、古い技術を次の世代に引き継ぐことだけではなく、仕事に向き合う姿勢や人間性、心のもち方などを学び、既存の技術のすごさを発見し、これらを足掛かりにして想像力を働かせて新しい仕事に挑戦することであるとの結論に達しました。

3.「カギを握る暗黙知」

技術継承の要点は暗黙知です。暗黙知は「人は言葉以上のことを知っている」で定義されますが、継承するのは困難です。なぜなら、伝承者は暗黙知を知識として自覚しないで発揮していることが多く、継承者には気づきにくいからです。伝承者の暗黙知を気づくには、共同作業や行動観察が有効ですが、会議や講演を活用することも大切です。継承者が暗黙知に気づき、感動し、長期記憶に刻み込むことが必要です。なお、暗黙知は雲龍図やモナリザなどの絵画にも残されていました。

暗黙知とは ～問題解決策の決め手～

日常の暗黙知

マイケル・ポランニーは著書の中で、「*人は言葉にできるより多くのことを知ることができる」と述べています。つまり、人が言葉や文字で表現したり記録に残すものは、人が知識や経験として頭脳の中に持っているものの一部でしかない、ということです。たとえば、写真のように自転車に乗っている時にどのような操作をしているかを言葉で伝えるのは難しいものです。正しく説明するには、ハンドル操作は積分制御、ペダルの踏み込みは微分制御の知識が必要になります。しかし、説明はできなくても練習さえすれば、誰でも自転車に乗れます。それは暗黙知があるからです。この暗黙知は、複雑な問題や困難な課題を解決する時にも役に立つ、とされています。（＊『暗黙知の次元』、マイケル・ポランニー、

自転車は倒れない
ための操作が必要

ちくま学芸文庫、二〇〇三年、二四頁)

暗黙知と発明

そもそも、人の五感は変化に富んでいます。情報量的には視覚が圧倒的に多いですが、聴覚は何人もの声を一度に聞き分けることができますし、嗅覚や味覚は微量物質を検知することができます。指の触角はベテランの機械工になるとミクロンオーダーの表面粗さを見分けることができます。このような五感から入ってきた情報は脳で処理されて形式知、暗黙知のかたちで記憶されています。ポランニーは同書の五〇頁で「暗黙知によって新たな発見を予知したり問題を認識することができる」との主旨の指摘をしています。暗黙知を駆使して独創的な問題を認識できれば、それは新しい発見や発明につながります。創造的行為の端緒は暗黙知による問題の発見にある、ということです。

現場の大切さ

ところで、よく、「現場が大切」といわれていますが、それは現場では自分が感じる以上に情報を収集できるからでしょう。現場には、文字や言葉では決して伝えられない情報があふれています。そのため、一度訪れた現場はなぜか親近感が湧くものです。その現場が話題に上ると、言葉には表せませんがその状況が目に浮んできます。

ベテラン職員は、全体像をつかんだり、事態の変化を予測したりすることに秀でています。それは、形式知だけでなく、潜在的な知識や経験、つまり暗黙知を引き出して総合的に判断しているからです。しかし、経験を重ねるだけで複雑な問題や困難な課題にリーダーシップを発揮できるわけではありません。そのためには、日ごろから自分の仕事に深い関心をいだき、疑問や好奇心を持ち続ける努力が必要です。そうすることで、暗黙知を増やしたり組み合わせたりして問題解決に役立てることができます。

技術継承のメカニズム～カギは暗黙知～

技術継承の意味

そこで、暗黙知がどのように代々引き継がれてきたか考えてみます。

技術継承を考える場合、何を伝えて何を受け継ぐかという素朴な疑問に突き当たります。例えば、先輩の技や代々引き継がれている仕事のコツや勘どころが思い当たりますが、これらは技術継承というよりも技能の継承といったほうがよいでしょう。この「技能」と「技術」を混同すると技術継承が見えなくなってしまいます。技能の継承は大切ですが技術継承の本質ではありません。技術継承は過去のすぐれた技能を未来に継承していくだけではなく、未来の可能性を切り開くものです。過去の技能を継承するだけでは私たちの下水道技術は未来に向かって展開、発展することはできません。

サピエンス全史

技術継承を考えている時に、ユバル・ノア・ハラリ著『サピエンス全史（下）』を読んで目からうろこが落ちました。同書七六頁には次の記述がありました。

「歴史を研究するのは、未来を知るためではなく、視野をひろげ、現在の私たちの状況は自然なものでも必然的なものでもなく、したがって私たちの前には、想像しているよりもずっと多くの可能性があることを理解するためなのだ。」

この文の「歴史」を「技術継承」に、「未来」を「技術」に置きかえると以下の文章のように技術継承の持つ意味、目指す目的が明確になり、それまでのわだかまりが消えてスッと腑に落ちるのを感じました。

「技術継承を研究するのは、技術を知るためではなく、視野を広げ、現在の私たちの状況は自然なものでも必然的なものでもなく、したがって私たちの前には、想像しているよりもずっと多くの可能性があることを理解するためなのだ。」

技術継承は、過去の技術の成果を再認識したり改善したりする過去の継承ではなく、これから起こる困難な課題や未知の世界へ挑戦するための手段、ということでした。

形式知

以上の認識の上で、技術継承の方法を考えてみます。知識には形式知と暗黙知とがありますが、形式知はこれまで経験したことや考えられてきたことを文字や言葉にしたものです。たとえば、機器のマニュアルやハンドブックは形式知そのものです。技術者は、最初に形式知を学び、経験します。仕事の手順や組織の仕組み、過去の失敗事例や成功事例など、形式知は膨大で広範囲なものです。下水道技術者にとって、形式知の行き着く先は技術士資格の取得でしょう。技術士試験を合格することは、形式知をマスターした証といってもよいです。

暗黙知

一方、形式知に対する暗黙知の定義は、「人は言葉以上のことを知っている。」です。例えば、先ほどの事例のとおり、誰でも自転車に乗ることができますが、その乗り方を人に言葉や文字で伝えることは難しいです。転びそうになったらその方向にハンドルを切る、体重は逆の方向に移動する、といってもこれを聞いただけでは自転車に乗ることはできません。誰でも、何度も転びながら体験的に習得していくしかありません。しかし、自転車に乗るロボットを設計する時は、自転車運転の暗黙知を形式知に変え、そのアルゴリズムを適用しなければいけません。自動制御的にはそれほど難しいものではありませんが、通常の言葉では表しにくいということです。

仏教にも暗黙知を示唆する事例があります。例えば禅宗には「不立文字（ふりゅうもんじ）」という教えがあります。これは経典など文字や言葉による教義を学ぶだけでは不十分で、座禅や作務（さむ）をすることによって自ら得られる気づきこそ真髄である、というものです。文字や言葉を学びつくしたら、そこからいったん離れ、座禅を組んだり庭の掃除をしながら仏教の悟りを探すというものです。これも長い歴史の中から得られた暗黙知に通じる洞察なのでしょう。

暗黙知の習得

文字や言葉で伝えられない暗黙知をどのように習得し、継承すればよいのでしょうか。

一番手短な方法は、暗黙知をできるだけ形式知に変えることです。経験を積んで技術を伝える立場の伝承者は、暗黙知を習得しようとしている継承者に対して、自分の経験や想いをできるだけ文字や言葉にして形式知のかたちで伝える努力が大切です。しかし、前章の下水道技術継承アンケートによると伝承者は暗黙知を暗黙知として自覚しないで行動することが多いそうです。暗黙知を行使する時、それを暗黙知と認めるのは伝承者本人ではなく、そこにいた継承者や第三者であることが圧倒的に多いということです。したがって、伝承者が積極的に暗黙知を形式知にする努力は、入口のところでとん挫しかねない関係にあります。

継承者の役割

暗黙知を形式知にするには、継承者や第三者の役割が大きいです。たとえば、伝承者本人自身があまり意識していないさりげない仕草や行動、判断をする時、継承者はこの暗黙知に気づき、読み取る能力と努力が求められます。このように考えると、暗黙知の技術継承は継承者の負担が大きくなりますが、そもそも暗黙知の技術継承は継承者のためのものなのですから当然かもしれません。また、伝承者も昔は継承者であったはずですから順々の努力、苦労なのかもしれません。

しかし、代々継承者が苦労を重ねている関係は暗黙知の技術継承を不十分なものにしかねません。伝承者は継承者の負担を少しでも軽減するように協力すべきです。そのためには、暗黙知の継承の仕組みを読み解く必要があります。

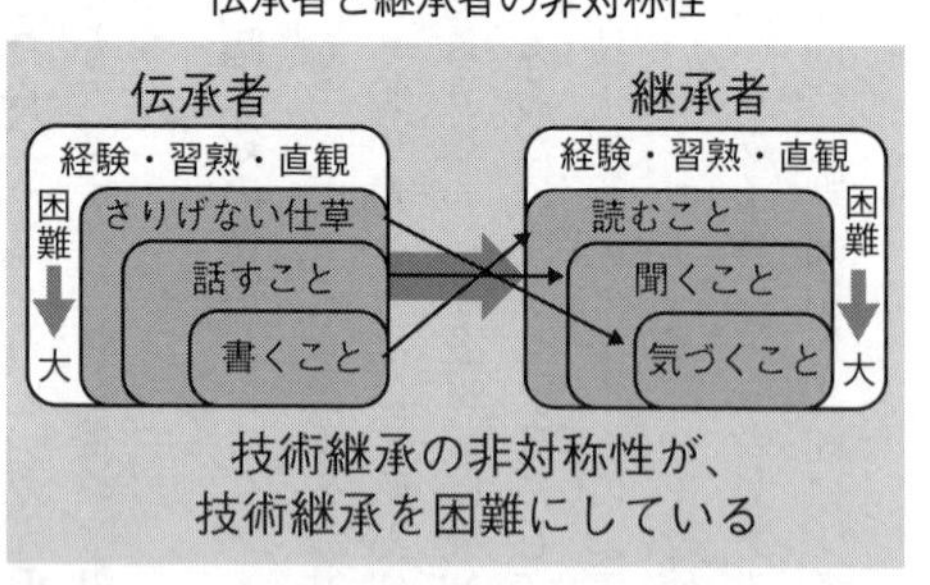

伝承者と継承者の非対称性

技術継承の非対称性

なぜ暗黙知が伝承者から継承者に伝わりにくいのでしょうか。なぜ、暗黙知を技術継承するのに継承者の負担が大きいのでしょうか。

その理由は、上図のように技術継承に関して伝承者と継承者では立場が異なるからです。暗黙知を形式知にするために文字や言葉にする行為は、伝承者にとっては大きな労力が必要になります。伝承者にとって、暗黙知を文字に書くことは大きな負担です。それに比べれば、話すことのほうが楽です。さらに、さりげない仕草を示すだけなら負担はもっと少ないです。一方、継承者にとっては形式知化された文字を読むのは簡単です。話を聞くことは少し難しくなり、最も難しいのは伝承者のさりげない仕草から暗黙知を気づき、読み取ることです。さりげない仕草は伝承者自身が暗黙知と認識していない動作ですから継承者はよほど敏感に受け止めなければ読み取れないでしょう。

このように、伝承者と継承者の暗黙知への関わり方はそれぞれ異なっており、右頁の図に示すように伝承者の書く、話す、さりげない仕草という行為と継承者の読む、聞く、気づくという行為が難易度の点で非対称であることが、暗黙知の技術継承を難しくしています。

3種類の問題発見と暗黙知

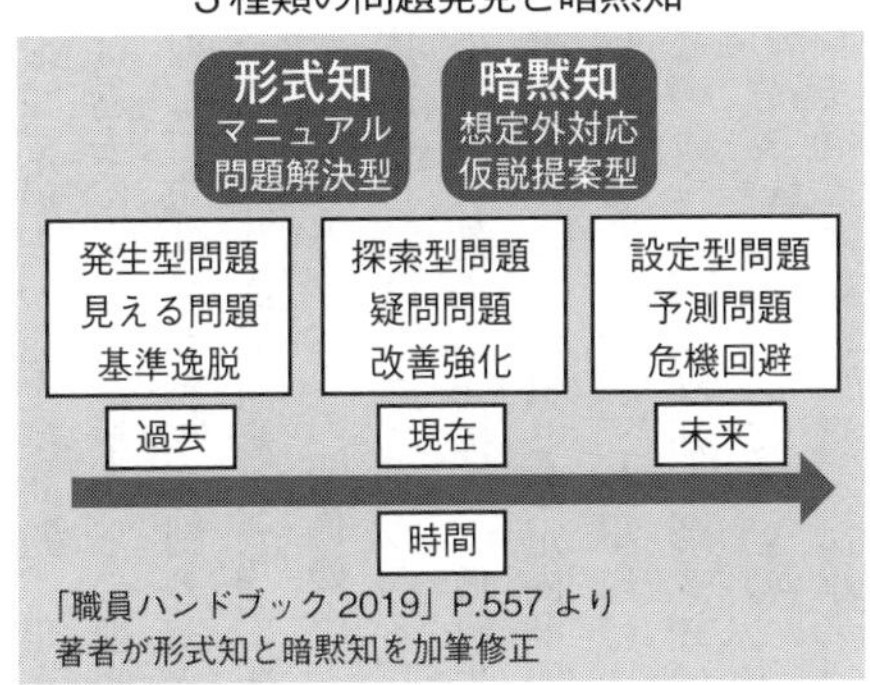

「職員ハンドブック2019」P.557より
著者が形式知と暗黙知を加筆修正

適用時間軸の違い

もう一つの暗黙知と形式知の違いは、時間軸と適用分野です。上図に示すように問題（仕事）の種類は時間軸に沿って過去の発生型問題、現在の探索型問題、未来の設定型問題に分かれます。発生型問題は過去に定めた基準からの逸脱や目標の未達から生じます。探索型問題は現在の疑問問題に対して方法の改善や体制の充実強化の際に生まれます。そして、設定型問題は将来の問題を予測したり危機回避、変化の先取りの際に生まれます。以上は二四六頁の「仕事の進め方」で示しましたが、この関係の中で、形式知は過去から現在にわたる問題解決に効果を発揮し、具体例としてはマニュアルがあります。一方、暗黙知は現在から未来にかけた予測問題や危機の回避に効果を発揮し、仮説提案型と考えられています。したがって、形式知はこれまでに経験したことのある想定内問題に適していますが、暗黙知はこれから起こる想定外問題に向いています。なお、仕事には両分野のバランスの取れた対応能力が必要になります。

このように、暗黙知と形式知はそもそも時間軸によっても適用範囲に違いがあるので、伝わりにくいし理解しにくいのです。単に暗黙知を文字化すれば形式知になるというものではありません。経験豊富な伝承者は暗黙知を使いこなすのはそれほど難しいことではありません。一方、継承者は大きな苦労をしながらなかなか暗黙知の領域に入ることができません。また、過去に起こったことや今起きていることを解決するのは形式知を駆使すれば一応の対応ができます。しかし、これから起こること、想定外の大事件、大災害には経験豊富で修羅場を乗り越えてきた伝承者の出番です。

暗黙知の事例

前章の下水道技術継承アンケートに寄せられた回答者からみた具体的な暗黙知の事例を以下に示します。

①「管きょ内で作業中に、わずかな風の動きを感じたので作業員を地上に避難させました。すると、すぐに鉄砲水が押し寄せ、作業機材を流出させてしまいましたが人的被害は回避できました。」

②「豪雨時に、流入ゲートを絶妙に操作して沈砂池水没と地先での下水いっ水を防ぎました。」

③「豪雨時に雨水ポンプを全台運転している時、ポンプ冷却水が不足してしまい、ある職員の機転で場内流入雨水をポンプ冷却水に流用してしのぎました。」

④「水質分析に精通した職員が、下水道管内で特定施設から排出されたホルムアルデヒドと次亜塩素酸ナトリウムが下水中のアンモニアと反応し、シアンが発生したことを突き止めました。」

⑤「大規模な管きょ陥没事故が発生した際、即座に現地対策本部を立ち上げて市民の不安を和らげました。」

暗黙知の技術継承順位

ベテラン職員による技術継承順位	暗黙知の所在	対象人数
1. ベテラン職員との共同作業	二人称、同一作業の下	1人
2. ベテラン職員を行動観察	第三者、同一環境下	数人
3. 会議、講演会	言葉の裏	～数十人
4. マニュアル、記事	文章の行間	多数

いずれの事例も、目の前の事象から起こりうる問題を予知して危機を回避した暗黙知でした。問題発生当時はマニュアル化されておらず、暗黙知を駆使して被害や混乱を最小限に抑えたもので、経験豊富なベテラン職員が暗黙知を引き出して気づいた設定型問題解決策でした。

暗黙知の技術継承

表のように、暗黙知の技術継承で最も確実なのは、「ベテラン職員との共同作業」です。例えば、航空機では正操縦士が副操縦士を指導するかたちで技術継承しています。副操縦士は一緒に業務を行うことで操縦技術だけでなく仕事に対する姿勢や勘どころを学びます。ただし、対象人数は一人です。

次に確実なのはベテラン職員を中堅職員が意図的に「行動観察」することです。一緒に共同作業をしなくてもベテラン職員の判断や行動を目にすることはできます。ベテラン職員のさりげない仕草から暗黙知を読み取るのは、中堅職員の大切な役割で、対象人数は数人です。

三番目に位置付けられるのは、ベテラン職員が会議や講演会で発出する「言葉を深く理解」することです。物のとらえ方やリスクの避け方、受け入れ方など、ベテラン職員の発言は重いです。言葉の裏にあるものを読み取ることが大切で、対象人数は、会議で一〇人、講演で数十人程度です。

四番目は、ベテラン職員が作成したマニュアルや報告書、専門誌に掲載した「記事」を理解することです。三番目より軽いですが情報量は膨大です。文章の行間を読み取ることが大切です。対象は多数です。

このように、中堅職員はさまざまな段階でベテラン職員から暗黙知の技術継承をする努力を続けています。肝心なのは、中堅職員が技術継承の受け手としてベテラン職員本人のさりげない仕草や発言、文章を理解しようと努めているうちに自分自身で暗黙知を生み出している可能性があるということです。また、ベテラン職員は中堅職員のために暗黙知を形式知に変える作業を続けているうちに、新たな暗黙知を生み出している可能性があるということです。

五つの誤解

暗黙知の技術継承は難しいということを述べてきましたが、それはベテラン職員（伝承者）

と中堅職員（継承者）を取り巻く環境にも原因があります。両社は、技術継承を実施したいという気持ちが先行するあまり、以下の*五つの誤解をしやすいものです。（＊「先送りされた技術・技能伝承「二〇一二年問題」」野中帝二、富士通総研 www.fujitsu.com、二〇一二年四月）

① 経験を積めば技術継承できる
② 伝承者は技術継承に積極的
③ 継承者は技術継承に積極的
④ 職場は技術継承に積極的
⑤ マニュアルで技術継承できる

これらはいずれも、かくありたいという期待が誤解を招いています。期待すれば自ずと叶う、という考えは過ちです。期待して努力して初めて叶うということです。これら、陥（おちい）りやすい五つの誤解を十分に認識し、その克服を図ることが技術継承の第一歩になります。

知らなければ見えない〜マニュアルの役割〜

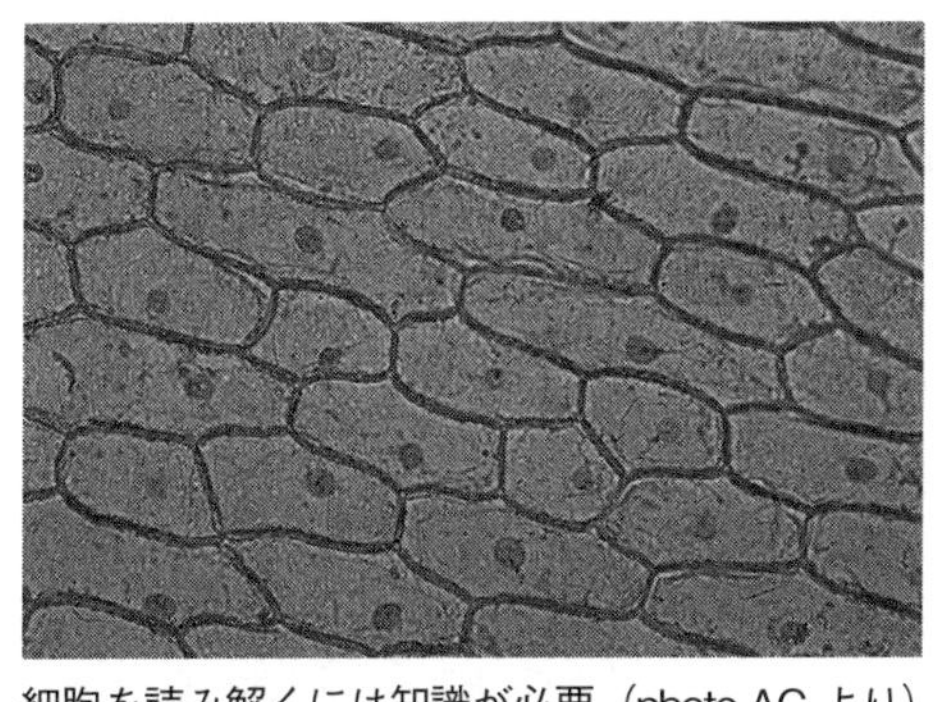
細胞を読み解くには知識が必要（photo-AC より）

不知不見

前章では「マニュアルで技術継承できる」のは誤解であると述べましたが、ここではそのマニュアルを考えてみます。

不知不見という言葉があります。これは「知らなければ見えない」ことを意味していて、目には見えていても知識がないとその意味を理解できないということです。例えば、写真のように顕微鏡で細胞を観察すると半透明の物体が模様のように見えますが、細胞の知識がなければ、細胞膜や核などの意味は分かりません。望遠鏡で星を観測する時も同じです。星座の知識、宇宙物理の知識がなければ無数の星の持つ意味は理解できず、結局、見えないも同然です。

体験から経験へ

海外の地を訪問して街を歩くと、街の空気や喧噪、日差しや香りなどの新しい環境を体験します。そして、五感を働かせてこれらのさまざまな情報を受け入れることにより、情報量が増えるだけでなく総合的な体験が次々と形成されていきます。このように、新しい地に一歩足を踏み入れて体験し、感動すると、それなりに街を知った気持ちになります。そして、帰国してからその地に関するテレビや映画を見ると、妙に生き生きと見えてくるものです。その地の街角の映像が現れると自分の体験の記憶が引き出されて、画面には写されていない光景も頭に浮かんでくるから不思議なものです。この感じ方は各人でさまざまかもしれませんが、体験は積み重ねると経験になります。体験とはこのように物事を理解する上で知識とともに重要です。

マニュアル

設計、工事の業務をする時、知識と経験は重要な役割を果たします。経験の浅い職員が設計や工事をすると、マニュアルと首っ引きになって個別の知識に落ち込んで全体像を見失うことがあります。この件に関しては、上皇陛下の心臓手術を手掛けられた順天堂大学病院*天野篤元院長の話が興味深いです。天野元院長によると、外科医が手術に取り組む姿勢には三つのタイプがあるそうです。第一は教科書に書かれたことを全部正しいと思い込む「教科書鉄板」型。第二は所属する大学や地域に誇りを持つあまり、伝統から抜け出せない「伝統万歳」型。そして第三は、教科書は過去の事実に過ぎないので今の時代にあった安全で効果的な方法を追求していこうとする「革新」型がある、としています。（＊『週刊新潮』平成二十九年（二〇一七）二月十七日号）この話の教科書を設計・工事のマニュアルに置き換えてみるとよくわかります。設計者や工事監督者、工事代理人は、自分の仕事がマニュアル鉄板型やマニュアル伝統万歳型に陥っていないか、いつも自問自答することが大切です。

「革新」型仕事

それでは、「革新」型の仕事をするにはどうしたらよいのでしょうか。天野元院長の話に対しては、「重要性は分かるが自分には無理だ、設計や工事の仕事は時間がないので取り入れられない」という下水道関係者の声が聞こえてくるようですが、本当でしょうか。マニュアルを利用する時に、それがすべて正しいと思い込むのは、マニュアルに書かれてある知識ではなくマニュアルそのものに関する知識が乏しいからです。この場合は、仕事の本質が見えず、「教科書鉄板」型や「伝統万歳」型に陥ってしまいます。

現場体験の重要性

そこで、マニュアルの弱点を克服する方法を考えてみます。マニュアルには、過去の事実の一部しか書かれていないのですから、あらためて現在の状況を把握する必要があります。それには、設計にしても工事にしても、担当者は自分の身を建設や維持管理の現場に置いてみることが第一です。何はともあれ現場に足を運ぶことです。配管や管きょを設計する時は必ずその現場におもむき、道路や街の状況、施設内なら他の機器との関連や置かれた状況を自分の目で確かめることです。更新工事なら、現場で維持管理している関係者の意見を聞くことも大切です。そもそも、設計や工事の目的は単に施設や設備を建設することではありません。施設や設備を供用し、稼働して初めて目的を達成できるものです。言葉を変えれば、施設や設備は、維持管理の現場で長い期間使用することによって初めて下水の処理という本来の価値を創造することができるのです。とりわけ、維持管理の現場では職員が介在して価値を生み続けているという視点が大切です。したがって現場に身を置いて価値を生み続けるという総合的な視点で設計や工事をまとめる必要があるのです。

想像力

もう一つのマニュアル克服法は想像力です。設計や工事をしている時に、引き算と足し算の発想をしてほしいものです。例えば停電して機能不全に陥った時にどうなるか、という引き算の想定があります。一般的な下水処理場では主ポンプやコンピューターなどの重要施設については非常用発電機やバッテリーでバックアップしていますが、それでも長時間停電になるとすべての電源が消失してしまうこともあります。その時はどうするか、という想像力がマニュアルを越えた引き算の発想です。

足し算の想定もあります。沈砂池が豪雨で水没すると沈砂池床面に下水があふれます。すると作業用コンセントや電話機、照明器具など床面付近の機器が水没して短絡し、停電に至ります。その電源は、揚水ポンプなど重要な機器の制御電源と共通であるかもしれません。これを避けるためには、電気器具類や計測器類は、できるだけ高い所に設置することが必要です。これは、水面が上昇するという足し算の想定です。

批判的に継承

以上、マニュアルに不足している面を述べましたが、そもそもマニュアルは価値のあるものです。マニュアルがないと新人職員は先輩の仕事を見よう見まねで覚えなければなりません。それが、知識や経験を体系的に文章化してマニュアル化すると、新人職員は効率的に設計や工事に携わることができます。ただし、マニュアルは完ぺきではなく、書かれた瞬間から時間とともに陳腐化していきます。ですから、天野元院長も「教科書に書かれていることはほとんどウソ、というくらい疑うと、いろいろな矛盾や改善の余地が浮かび上がってくる。過去の遺産を批判的に継承することで、新たに生まれてくるものがある」（同上）、としています。過去の遺産を継承するには、知識や経験と共に批判的精神が必要になるということです。

画竜点睛から読み解く〜雲竜図に隠された暗黙知〜

狩野探幽

遠近画法における暗黙知の秘密に迫ってみます。

「画竜点睛」とは、竜の絵を描いて最後に気合を込めて目を描き入れたら竜に魂が入って絵から飛び出して天に昇った、という中国の故事です。竜の絵といえば、いくつかの禅寺には天井に大きな雲竜図がありますが、京都市の妙心寺法堂にある*狩野探幽作の雲竜図を見に行った時のことでした。案内してくれた寺のスタッフが「部屋のどこから見ても天井の竜の目が自分をにらんでいるように見えます。これを八方にらみといいます。」と解説してくれました。試しに、法堂の中を移動してそれぞれの位置から天井を見上げてみると、不思議なことに竜の体の位置は変化するのですが竜の目は確かにどこの位置からも著者をにらんでいるように見えました。（＊ https://www.myoshinji.or.jp/worship/keidai/312）

また、とぐろを巻いている竜の体は、見る位置によって空へ登っていくようにも見えますし、空から下りてくるようにも見えました。これを上り竜、下り竜と呼ぶそうです。これもまた不思議でした。天井の平面の板に描かれている竜の絵が、著者が立つ位置によって変化するという信じがたい体験をしました。

大塚国際美術館

それからしばらくして、徳島県鳴門市にある大塚国際美術館を訪れました。この美術館は、ボンカレーやオロナインCで有名な大塚グループが大塚製薬創立七五周年事業として設立したものです。この美術館は素晴らしく、世界の名画を実物大で正確にコピーした陶版画を一〇〇〇点余も展示している巨大な美術館でした。規模では日本で二番目だそうです。ちなみに、日本一は東京六本木にある国立新美術館です。なお、陶版画とは原画を精密にコピーして陶版に焼きつけたもので、割れなければ千年でも色調が変わらないそうです。しかも、すべての陶版画が実寸で作られていますから、大きいサイズの作品は何分割かに分けて制作されていて絵に分割の線が入ることがありますが、それ以外は、ほとんど本物の絵と変わりありません。絵に近づくと筆のタッチも陶版画上に再現されていて、手で触れることも許されています。ここでは、ニューヨークのメトロポリタン美術館やパリのルーブル美術館、ロンドンのナショナルギャラリー、などにある世界の名画を日本に居ながらにして鑑賞できるのですから感心しました。

大塚国際美術館の目玉はイタリアのローマにあるバチカンのシスティーナ礼拝堂を実物大

ミッデルハルニスの並木道　（大塚国際美術館 / 陶版画より、2017 年）

で再現した部屋です。天井に描かれたミケランジェロの「最後の審判」は、その大きさやち密さに度肝を抜かれました。この部屋は、横綱白鵬が結婚式を挙げたところとしても知られています。この礼拝堂から始まる館内ウォーキングツアーに参加して数々の名画を鑑賞しました。ツアーが終わるころ、写真の『ミッデルハルニスの並木道』（ロンドン、ナショナルギャラリー所蔵、メインデルト・ホッベマ作）の作品に出会って再び驚きました。絵に備えてあった解説カードによると、この絵はオランダ絵画黄金期の作品で、地平線を低くとり、大地の広がりのまさに中央手前から一直線に伸びる並木道を透視図法で描き、中央の景観に吸い寄せられていくものでした。

透視図法

ウォーキングツアーのガイドは、絵の前に立って「この並木道はどの方角から見ても自分のほうに向かって伸びているように見える不思議な絵です」と説明してくれました。確かに絵の正面から見ても、右端に立って見ても、左端に立って見ても、並木道は自分のほうへ向かっているように見えました。すると、ガイドはそのなぞ解きをしてくれました。つまり、この絵は近くのものは大きく描き、遠くのものは小さく描く透視図法（線遠近法）で描かれているので、見る者の視線は常に並木道の行きつくところの写真の消失点に注がれています。そこで、絵の前を横切るように移動しながら並木道に注目すると、消失点から並木道の最前列道路部分を結ぶ直線の方向は見る者の位置にかかわらずに自分の方向に向いて見える、ということでした。

このような観点で大塚国際美術館の他の名画を見ると、レオナルド・ダ・ビンチの『モナリザ』の不思議な視線も理解できました。モナリザの視線は彼女の右目と左目で見ている方向が異なるのですが、左目は常に鑑賞者の心を捕らえて放さず、鑑賞者の方向を見続けている、といわれています。これを「モナリザ効果」といいます。この仕掛けも、モナリザの背景が透視図法で描かれているので、鑑賞者は無意識のうちに背景の消失点を意識し、消失点と左目を結ぶ線をなぞり、線遠近法の最前列にあるモナリザの左目が鑑賞者を追いかけているように見える、ということのようでした。

竜の目の秘密

妙心寺の雲竜図も同じです。天井に描かれた竜の目が鑑賞者を追いかけているということは、蛇のような竜の体が波打ちながら空を飛んでいるようすを透視図法で描いている、ということでした。ただし、雲竜図の消失点は天井の四方にあって、立つ位置により消失点と竜の目を結ぶ直線の方向が変わることに注意してください。鑑賞者は、雲竜図の竜の目を注視しているつもりですが、実は蛇のような竜の体の消失点を無意識に注目しながら前面中央にある竜の目に視線を向けるので、どこに立っても竜の目は消失点と鑑賞者を結ぶ線上に位置して鑑賞者をにらみつけているように見えていた、ということでした。壁に掛けられた絵に対して鑑賞者は左右の二方向からしか見られませんが、雲竜図の天井画ですと鑑賞者は全方位に動くことができるので、竜の目の変化は一層神秘的になりました。

なお、竜の体だけに注目すると、法堂の立つ位置によって上り竜に見えたり下り流に見えたりするのは、異なる消失点を素直に見ているからです。

超越技法

以上のことから私たちは暗黙知を形式知へ変える手順を知ることができます。古来、人の心をとらえてきた名画にも、透視図法による仕掛けがありました。仕掛けを知らなければ神秘的で超自然的な不思議さが現れます。画家自身ですら、この仕掛けを知らなかった可能性があります。その場合には、狩野探幽やレオナルド・ダ・ビンチの超越画法は天才のなせる技であり、暗黙知の極致でした。しかし、その仕掛けを読み解けば暗黙知が形式知になり、誰でも超越画法を再現することができるようになるということでした。

「画竜点睛」とはいっても、最後に目を描き入れる前に竜の体を透視図法でしっかりと描いておかないと魂が入らないということです。「画竜点睛」の故事は、絵の達人が気合を込めて竜の目を書き込んだ時に絵に魂が与えられたと伝えられていますが、実はその秘密は竜の体の透視図法にありました。ですからこの部分を上手に仕上げておかなければいけないということでした。これは一種の錯視ですが、それを芸術にまで高めた狩野探幽には感服です。

なお、雲竜図の竜の目は二つとも鑑賞者を追いかけてきましたが、モナリザは左目しか追いかけてきませんでした。なぜ右目は鑑賞者の方向を見続けることができなかったか、そこには理由があります。レオナルド・ダ・ビンチが錯視に気づいていれば、右目も鑑賞者の方向を見続ける絵にすることができた可能性があります。この理由を読者ご自身で考えてみてください。ヒントは背景の消失点と右目の位置関係です。

西洋の透視図法は十四世紀のルネサンス期に研究されて完成した絵画手法です。『ミッデルハルニスの並木道』は一六八九年、『モナリザ』は一五〇三年の作品ですから、前者は後者の影響を受けた可能性があります。しかし、妙心寺の雲竜図は一六五六年の作品ですが、当時の日本は西洋から絵画技術の流入はなかったはずですから、狩野探幽が独自に生み出した絵画技術、暗黙知だったのかもしれません。

4. 「学びと気づき」

技術継承の要は継承者が伝承者の言語化されていないサインに気づくことです。そのために、伝承者に直接接しなくても、継承者が考えることで気づくことが多々あります。オンライン講演会やグループディスカッションはその一例です。百年前の東京市三河島汚水処分場には、令和の下水道のヒントがありました。東京都下水道サービスが編纂した『証言に基づく東京下水道史』には先達の重い言葉が残っていました。伝承者の言葉の裏、文章の行間を読み取ることが大切です。

教えるコツ〜最終講義から学ぶ〜

足りな目に話す

コロナ禍が話題になり始めた令和二年（二〇二〇）二月に、東京大学大学院新領域創成科学研究科で味埜俊教授の最終講義が行われました。味埜教授は、活性汚泥モデルの研究で国際的にも知られていますが、当日はそれまでの大学生活を振り返って、「学生にはいつも少し足りな目に話してきた。」と述べました。つまり、講義の際、教えるべき知識のすべてを話さず余韻を残して疑問を抱かせるように心がけて話してきたそうです。その理由は、学生に考えさせることを意図してとのことでした。

最近は疑問があるとスマートフォンで検索してすぐに答えを手にすることができます。多くの人は手にすることができると思っています。しかし世間はそんなに甘くはなく、スマートフォンで得られる知識は誰でも簡単に得られるレベルということですから、どんなに詳細であっても底の浅い知識です。一方、疑問を持ち、自分で考えて発見する知識もあります。一人前の研究者になるにはこのプロセスが大切だそうです。優れた講義というのは、学問の奥深さを教え、考える難しさと発見する喜びを教えるものなのでしょう。

足りな目の意味

著者は毎年現役の職員に対して講演会を行ってきました。講演会に臨んでいつも思っていたことは、準備段階で伝えたい内容が雪だるま式に増えていき、結局、どれを省こうかという作業の連続でした。話の枝葉を削ぎ、本質に絞って中身の濃い講演にしようと努め、二時間の講演ならばパワーポイント原稿七〇枚程度、九〇分の講義ならば五〇枚程度に抑えてきました。しかし、味埜教授の話によると最初から足りな目に話すことが必要で、疑問や探求心、さらには好奇心を呼び起こす話し方が大切のようでした。

東京大学味埜教授最終講義（2020 年）

気づきのプロセス

暗黙知を技術継承する時も同じような関係が生じます。暗黙知ですから伝承者は文字や言葉では伝えることができません。伝承者の仕事の仕方や結果をみて、継承者はその奥に潜んでいる何かに気づき、会得しなければなりません。これは難しいことですが、そのヒントは味埜教授の最終講義の「足りな目」にあるようです。伝承者が少し足りな目に話すと、継承者は表面上は理解に苦しみ疑問を感じます。そして、話の背景にある前提や条件を調べ、不足している何かを埋めようと考え、気づくのではないでしょうか。この足りな目の情報から疑問を見つけ、仮説推論して気づきに至るプロセスは、一種のなぞ解きであり、慣れてくると楽しみにもなるでしょう。

悩み楽しむ

「足りな目に話す」というのは簡単なようで、実は高度な教授法でした。起承転結の「結」を足らな目にすれば、「結末はどうなったか考えてください」ということになりますし、「転」を足りな目にすれば「結論に至った理由を考えてください」ということになります。いずれにしても自分で推理して考えるプロセスがあり、悩みながら楽しむことにより自分のものになるということです。

「画竜点睛から読み解く」の章で述べたモナリザの右目の疑問はスマートフォンで調べても答えはありません。なぜ右目は鑑賞者の方向を見続けていないか、読者自身が悩みながら楽しむなぞ解きです。

講演会の感動体験～人の心に残るもの～

雑誌連載

著者は技術継承活動の一環として雑誌連載や講演活動を続けています。ある時、「話題はよく続きますね。」とか、「毎月、原稿を書くのは大変ですね。」と尋ねられたことがありました。その時答えたのは「感動すれば文章は書けます。」ということでした。逆に、感動しなければ納得できる文章は書けません。ですから著者は、自分の身を感動するような場所に置くように努めています。例えば、外国を旅行するとか美術館を訪れるとか、話題の映画を見るとかです。そのためには、時間と好奇心が必要ですが、これは一種の仕込みとみています。仕込みはうまくいかないこともありますが、何回かに一回でもモノになれば、きっと成功なのです。

講演会の感動

講演活動は、現役の下水道職員に対して経験談や技術者としての考え方、事故や災害に直面した時の気持ちの持ち方などを伝えています。その際に重要なのは、聴衆に共感してもら

感動・長期記憶に至る講演

発見	理解	感動
結論が明確 新しい視点・見解	論理的 ストーリー性	講師の情熱 双方向コミュニケーション

い、感動してもらうということです。講演のメッセージは聴衆が納得して感動しなければ伝わりませんし、記憶にも残りません。講演を聞いている時、聴衆は心の中では、表のように「発見」→「理解」→「感動」という脳のプロセスが働いて「長期記憶」に至ります。「発見」は新しい情報や知識を得ること、「理解」は論理やストーリー性などで納得・共感することです。そして「感動」は講師の情熱や双方向コミュニケーションで聴衆の心の琴線に触れなければ起こりません。感動することによってのみ、聴衆の長期記憶に深く刻み込まれます。このプロセスが途切れずに聴衆の長期記憶に至るためには次の四つの条件が必要です。

①結論の重要性

第一は、結論が明確なことです。結論のない講演ほどつまらないものはありません。手柄話や経験談は、漫談です。個々には面白い箇所があるかもしれませんが、終わってみればそれまでです。娯楽としてはともかく地方公共団体技術者が研修として聴講するには少々物足りないものです。これに対して講演会で最後の結論に至った時、それまでバラバラであったと思えた講演の各フレーズが関連してきて結論に収束したと感じるのが最高の講演会です。そのため、講師は講演の中にいろいろな伏線を埋め込んで話を展開していくのですが、最後の結論をどのようにまとめるのかが腕の見せ所です。プレゼンテーションにはストーリー性が大切といわれていますが、それは、結論に結びつく話の流れが明確であるということです。結論を受け入れることによって聴衆の感動は一層深まります。

②フェイス・ツ・フェイス

二つ目は、フェイス・ツ・フェイスです。講演会はテレビや読書と違って生身の講師が聴衆に向かって話すことです。知識だけを取得するならeラーニングや自習のほうが効果的でしょう。講師が聴衆に話しかけるという行為は、実は双方向コミュニケーションなのです。聴衆は講演を聴いて内容に反応しながら相づちを打ったり疑問の表情をすると、声を出さなくても講師に反応を示すことができます。講師は、聴衆が思っている以上に聴衆のようすをうかがっているものです。それを受けて講師は話す内容や調子を変えることができます。このやり取りが感動へのプロセスを確かなものにしていきます。ですから、講師は聴衆の変化を知るためには、演台やパソコンの画面にへばりついていてはいけません。スクリーンや黒板に向かって話してもいけません。そもそも、聴衆に話をしっかりと聞いてもらうためには、

平成29年（2017）秋、九州大学工学部での講演

講師は背筋を伸ばし、あごを引いて姿勢を正して聴衆の顔を正視して話さなければいけません。つまり、外見にも内面にも気を配らなくてはいけないのです。この点は、バラエティ番組のＭＣの動作が大いに参考になります。

③時間を守る

三番目は、時間を守ることです。当然のことながら聴衆は、講演会終了後にそれぞれ自分の予定があります。その上で講演に参加しているのですから、講師には時間通り講演を終わらせる責任があります。もし、講演が終わりに近づいたころに時間が超過してしまうのがはっきりすると、聴衆は顔には出さないにしても不満の気持がわき出てきてそわそわし始めます。このような状態では感動どころではありません。むしろ、講演は少し早目に終わらせて聴衆がまだ聞きたいという気持ちを残したほうがよいでしょう。

④講師の感動

そして、最後に必要なことは講師自身が情熱を持って取り組み、楽しみ、感動することです。自分の言葉に陶酔するのはいただけませんが、講演は聴衆と共に作っていくもの、という気持ちが大切です。同じテーマでも会場が異なると聴衆の反応は微妙に違うし、講師の気づきも異なります。講師には、双方向コミュニケーションを通じて聴衆の反応を感じ、聴衆を理解する感性が欲しいものです。講師が感動できないで聴衆が感動するはずはない、ということです。

信州大学の祝辞

信州大学元学長の山沢清人氏は、平成二十七年（二〇一五）の新入生に対する祝辞の中で、「創造性を育てるために心がけなければならないことは自ら考えることにじっくりと時間をかけることで、時間的にも心理的にもゆったりとすることが最も大切である」、と諭しました。その上で、心理的な「ゆとり」を持つこと、ものごとにとらわれ過ぎないこと、豊かすぎないこと、飽食でないこと、に心がけなければならないと述べました。そして、これから始まる学生生活において自分の時間を有効に使うために次の五点を目指すように話しました。

①学び続けること。学び続けると新しい経験が得られて、時間感覚がゆっくりとなる。

②新しい場所を訪ねること。定期的に新しい環境に脳をさらす必要がある。
③新しい人に会うこと。他人とのコミュニケーションは脳を刺激する。
④新しい活動を始めること。新しい扉を開き、未知の世界に挑戦する。
⑤感動を多くすること。

つまり、いろいろと挑戦した後に感動すべし、ということです。著者は新入生ではありませんが、この祝辞は著者の技術継承活動の心柱となりました。

オンライン講演会〜コロナ禍の行動変容〜

音声入りパワーポイント

前章で述べたように、著者は下水道の技術継承をテーマにして年間二〇回＋αのペースで講演を行ってきました。ところが、令和二年（二〇二〇）はコロナ禍で一気にその機会が失われてしまい、わずか年間五回になってしまいました。そのうえ、従来の対面型講演会からオンライン講演会に移行せざるを得ませんでした。

同年九月には日本大学生産工学部から、オンデマンド授業に使うための音声入りパワーポイント原稿の提出を求められて、「下水道の魅力」の九〇分講義資料を作りました。音声入りパワーポイント資料の作成には予想以上に時間がかかりました。なにしろ、音声入りですからパワーポイント原稿を作成した上で、音声を入れるのに九〇分かかり、資料を確認するのに九〇分かかり、気になったところを修正するのにさらに一時間以上かかりました。

ビデオ撮影

同年十一月中旬には東京理科大学理工学部でオンデマンド授業用のビデオを大学で撮りま

した。こちらは、「下水道の危機管理」の一五〇分の講義でした。ここでは、著者が話しやすいように大学側が五人の大学院生を聞き手として配置してくれました。そのため、大きな教室を使い、社会的距離を確保しながらの模擬授業でした。聞き手がいるといないとでは講義の雰囲気が大きく異なります。

日本技術士会上下水道部会

同年十一月下旬には日本技術士会上下水道部会主催で著者の自宅からＺｏｏｍによるオンライン講演会を行いました。こちらのテーマは、「下水道コンセッションと技術継承」で一二〇分の講演会でした。事前に申し込んだ参加者八〇名のうち約七〇名が参加してくれました。先の二大学はオンデマンド授業の資料作成でしたが、今回はリアルタイムのオンライン講演会でしたので、失敗は許されませんでした。最も懸念されることは、自宅のＷｉ‐Ｆｉが講演途中で途絶して講演会が成立しなくなることでした。この対策としては、事前に日本大学で用意したものと同じ方法で音声入りパワーポイント原稿を作り、Ｚｏｏｍのホストを担当する上下水道部会スタッフに預けました。万一の時は、その原稿で講演会をつなぐということでした。もう一つの準備は、事前のシミュレーションです。講演会の二週間前に上下水道部会のスタッフと共にＺｏｏｍ模擬講演会を行いました。上下水道部会としてもオンライン講演会はこの時が初めてでしたので、手順を確認する必要がありました。

オンライン講演会実施

オンライン講演会に参加する会員は、Ｚｏｏｍは初めての人もいたので、開始時にはＺｏｏｍに入るのに苦労したり、どこかの聴講者のマイクが消音されず、そこから流れてきた音声がなかなか消えなかったりしました。講演会が始まると、著者のパソコンでファイル共有をして、聴講者の皆さんにパワーポイント資料を使いながら講演を始めました。

パワーポイント資料の文字は、一スライド一〇行以内の大きな文字に徹しました。文字が大きい分、スライド数が増えて七〇枚になりました。スライドはアニメーションを多用して、原則として話すごとに一行ずつ文字が現れる方式にして、聴講者とのタイミングの共有に努めました。図表も一行ずつ、一ブロックずつ表示が進む方式にしました。電子ポインターも随時使用して話の流れを共有するように努めました。

講演後の質疑は、あらかじめ講演中にＺｏｏｍのチャット機能で質問内容を司会者まで送っておいてもらい、講演終了後にあらためて司会者が指名して口頭で質疑をしてもらうことにしました。二時間の講演後、多くの方々から質問をいただき、質疑は三〇分も続きましたが、充実した時間でした。

カメラ目線

オンライン講演会を終わってみて、幾つもの振り返りがありました。

終了後のアンケートでは、講師の目線が気になったというコメントがありました。著者は、講演中はパソコンの画面を見ながらパワーポイント資料のページめくりと電子ポインターを操作していましたから、画面の上縁（うえふち）についているカメラレンズからみると終始目線が下になっていたそうです。著者は、対面の講演会では、演台から離れてスクリーンの前に立ち聴衆とアイコンタクトしながら話すスタイルで講演をしてきましたから、聴講者とのコミュニケーションという点では、オンライン講演会では大いに退化してしまったようです。ここから得られる教訓は、講師はカメラ目線に努めるべき、ということでした。

オンライン講演会の違和感

講演を続けている時、ふと、「今、何をしているのかな」という不思議な気持ちに捕らわれることが何度かありました。対面講演会では話が盛り上がり、ここぞという時はワンテンポ息をのみこんで間をおいて話すことがあります。この時、聴講者は短いですが考える時間をもち、納得してなるほどという気持ちを視線で講師に返してくるものです。言葉では説明できませんがこの視線を会場の雰囲気から受け止めて次の話に移ります。ところが、オンライン講演会ではこの関係がありません。無反応なパソコン画面に向かって話していると、この息をのみこむ時間が徐々に短くなっていることを感じて、ふと我にかえることがありました。おそらく、講演のメリハリや双方向のコミュニケーションが失われてしまったためでしょう。

オンラインの利点

オンライン講演会には優れた点もあります。

終了後のアンケートで気がついたのですが、オンライン講演会は音声が聴きやすいという意見がありました。対面講演会では、会場のマイクを通して多数の聴講者が同時に聴くので長い時間集中しにくいようです。しかし、オンライン講演会はパソコンを通じてまるで一対一のような聞こえ方になるので集中しやすいということです。また、画面が見やすいという意見もありました。対面講演会では、プロジェクターを使って大きなスクリーンに投影するので、文字や図表のシャープさが劣ってしまいます。色調も、液晶画面とスクリーンでは大きな差があります。講師が意図したとおり聴講者が受け止めるという点では、オンライン講演会は各段に優れていました。

そしてさらに質問がしやすいという意見もありました。オンライン講演会は他の聴講者を気にせずに質問ができます。対面講演会では挙手をしたり、マイクが来るのを待ったりしたりして質問のしにくさが多くありますが、オンライン講演会はまるで一対一で会話をしているような感覚で質問することができます。

距離と時間の克服

オンライン講演会の最大の利点は全国どこからでも受講できることです。今回の日本技術士会の講演は、これで二度目でしたが、前回は対面講演会で東京都港区の機械振興会館で行いました。この時は三〇人くらい集まってくれましたが、ほとんどが東京圏在住者でした。しかし、今回のオンライン講演会では全国の会員が参加してくれて、東京と地方の情報格差を一気に取り払った感がありました。

また、Ｚｏｏｍ講演会は簡単に録画が取れることも大きな利点です。講演後、上下水道部会では講演会の録画ファイルを会員限定でホームページにアップしてオンデマンドにしました。会員は、時間の壁を越えて自分の好きな時間に講演会を視聴することができます。

オンライン講演会の欠点

オンライン講演会を聴講すると予想以上に疲れるものです。実は講演する側も同じで、講演が終わると通常の対面講演会に比べてかなりの疲労感が残りました。それは、お互いにパソコン画面を長時間注視していなければいけないからです。したがって、今回のオンライン講演会で二時間も続けて行ったのは行き過ぎでした。三〇分くらいずつに区切って、こまめに休憩時間を入れて行うべきでした。人が集中して仕事に取り組めるのはせいぜい三〇分です。それより長くなると注意が散漫になったり聞き取りミスが多くなります。

雰囲気の欠如

オンライン講演会のもう一つの欠点は、講演会雰囲気の欠如です。始まる前の期待感や、話途中の抑揚、結語の強調など、オンライン講演会では難しい表現です。著者は、対面講演会の場合には、スクリーンの前に立ち、聴講者の机に近づいたり、机の列の間に入り聴講者との距離感に変化をつけて話を進めます。すると、聴講者にはある種の緊張感とフレンドリーな雰囲気が生まれるのをよく感じます。オンライン講演会ではこれらの手法がすべて使えなくなりました。せめてもと考え、狭い画面の中でできるだけ身振り手振りが映るように動作を工夫してみましたが、聴講者にメッセージが届いたかどうかは不明です。

オンライン講演会の今後

前回の日本技術士会の講演会参加者では関東在住の六〇歳前後の高齢の会員が多かったのですが、今回のオンライン講演会では四〇歳代が中心で全国から参加していただけました。資料配布は事前にネットで送れますし、画面共有もできます。オンライン講演会の最大の利点は、前にも述べましたが距離と時間の克服です。

東京理科大学の先生は、コロナ禍でオンデマンド授業にしてから学生の成績が向上する傾向が出てきたと教えてくれました。それは、対面授業ですと遅刻をしたり、授業で聞き漏らしたりしていた学生が、一定期間Ｗｅｂにアップしているオンライン講義の録画を見て授業の理解度を高めているとのことでした。きっと、講師と聴講者が一対一で向き合っているように感じることも作用しているのでしょう。社会人向けオンライン会議でも同じことが言えそうです。

オンライン講演会に必要なもの

そこで肝心なのは考える力・洞察力です。Ｗｅｂ検索やオンライン講演会で誰でも簡単に知識や情報が得られるようになると、知識のレベルが上がり、仕事のマルチタスク化や生産性向上に結び付いていきます。その時必要になるのは考える力です。そのためには、オンライン講演会は進化していかなければいけません。そこで聴講者としては、Ｗｅｂ検索のような網羅的な知識だけでなく、理解力、想像力、表現力などの能力が必要になってきます。講演者としては、知識のすべてを述べないで、聴講者自身が自分で考える余地を残すオンライン講演会が大切になっていくでしょう。聴講者が自分の意見をまとめて伝えるという点では、オンラインによるグループディスカッションも有効です。

ＡＩは人の仕事を奪い取るのではないかと懸念する人がいますが、ＡＩが人の仕事を補完し、人は人でなければできないことを担うようになるべきです。それには、好奇心を持ち、考え、伝えるというプロセスが必要です。オンライン講演会でなければできない方法で好奇心を増やすことは今後の課題です。

「グループディスカッション」～コミュニケーション力～

組織力の発揮

職員研修ではグループディスカッションがよく行われています。グループディスカッションでは、役割分担や協力、相互のコミュニケーションなど、実務を反映した場面が現れます。これらはまさに技術継承の前提です。グループディスカッションがチーム力、組織力の発揮とすれば技術継承は世代間のチーム力です。このような観点から、グループディスカッションを見直してみました。

採用試験の変化

ある大学教授から土木工学科四年生に就職試験の指導をしてほしいという依頼がありました。

従来の就職試験はエントリーシートを提出し、ペーパー試験を受けたうえで面接を受けるのが普通でした。ところが、最近の就職試験は面接の他にグループディスカッション（集団討議）を加える官庁や企業も出てきました。東京都でも、少し前から土木と建築の受験生の一部に新方式という特別採用枠試験制度を導入しています。これは、従来の方式から一変し、一次試験は教養科目だけのペーパー試験とし、二次試験ではプレゼンシート作成、三次試験では現場で実際の仕事に取り組ませるワークサンプル試験をしています。ペーパーでは専門知識は一切問わない方式です。東京都の新方式は、受験生の負担を軽減することや多様な人材を採用することを意図しています。

グループディスカッション演習

そこで、著者はこの大学でグループディスカッション演習を行うことにしました。

テーマは、学生の予備知識があまりなくてもディスカッションできるように「大学前にあるコンビニの売り上げを二〇パーセント上げる企画提案」としました。実は、この大学の正門前にはファミリーマートがあるので、学生のイメージに浮かびやすいと考えました。グループディスカッションの手順は以下のとおりです。

①一チームは五人程度とします。全体で六チームでしたが、事前に教授がチーム割りの名簿を作り、当日学生に発表しました。

②ディスカッションの成果をA1用紙のプレゼンシートにまとめます。プレゼンシートが完成したら、各チームは三分間の発表をして二分間の質疑を受けることにしました。

③学生には、演習が始まる前にチーム内で自己紹介をし、司会、書記、タイムキーパー、発表者を互選し、テーマとその背景の確認、解決策のブレインストーミングを行い、プレゼンシートを作成し、発表練習を含めて全部で五〇分以内で行う必要があることを告げました。また、参考資料として、過去一〇年間の*コンビニ客年代層別売上げのシェアーと売上げ品目のシェアーのグラフを配布しました。（＊一般社団法人日本フランチャイズチェーン協会ホームページ統計データより）

実施

演習が始まると、最初は小さな声で話していた学生も次第に声が大きくなり、身振り手振りが入り、熱が入ると立ち上がって議論をするようになりました。残り一〇分のころになると大部分のチームはプレゼンシートを書き始め、遅れそうなチームもありましたが、最終的にはすべてのチームが五〇分でプレゼンシートを書き上げました。

採点基準

グループディスカッション演習の目的は、コミュニケーション能力と思考能力の気づきです。チームでディスカッションをするのですから、メンバー全員の力が発揮できなくてはいけません。一人で考えるよりも五人で考えるほうが優れた結論に達しなければいけません。ですから、チーム力を発揮できるようなコミュニケーション能力が試されます。この時に注意すべき点は、チームのメンバーはライバルではなく協力者であるということです。例えば、チームが素晴らしい発表をすることができればメンバー全員に良い点数がつくし、発表が悪ければ点数は悪いです。したがって、各メンバーがどれだけチームに貢献できるかが評価されます。役割を決める時は、司会が一番高い点をもらえると思う学生もいるようですが、そうではありません。司会は重要ですが、チームをまとめ切れなければむしろ点数は最低になることもあります。つまり、ハイリスクハイリターンの役割です。それよりも、メンバーの中に自分よりまとめることが上手な学生がいると判断した場合にはその学生を支えるような役割に徹したほうがチームへの貢献は大きくなります。ですから、チームの中で自分の立ち位置を見定めることが大切です。

以上のような点を、演習を通じて学生に知ってもらうことがねらいでした。

各種企画案の発表

成果の発表は、メンバー全員が登壇して発表者がチームを代表してプレゼンしました。

あるチームは、コンビニの客は大学生が主体であることを考えて、一般市民にも販路を広げるように商品の取り揃えを工夫することを主張しました。事前に配布された資料では、実はコンビニの売り上げではタバコの販売が主流を占めています。しかし、大学前のコンビニではタバコを販売していないことに注目し、新たにタバコを取り扱う企画を示しました。

別のチームは、同じ発想ですが学生が大学にいない夏休みや夜間に地域住民向けの商品を取り揃えて売り上げを上げる企画を発表しました。また、主な客層が学生であることから、ポイント制やＳＮＳ活用で売り上げ増を企画したり、お弁当が品切れになることが多いので、もっと仕入れを増やしたりするという具体的な提案をしたチームもありました。

講評

発表と質疑が終わると、著者が講評をしました。

まず、ディスカッションを進めて内容が深まってくると学生の動きが激しくなりボディランゲージが出てきたことを指摘して、遠くから学生の動きを見ているだけでディスカッションの展開が見て取れる、と解説しました。逆に、自分の意見を発言する時に相手の目も見ることができない人もいましたが、これはディスカッションが進まない原因になると指摘しました。

プレゼンシート作成時にも、三五九頁の写真のようにほとんどのチームが書記だけに任せず、チーム全員が立ち上がり助け合いながら作業を進めていたので、このような作業協力も外部からよく見えることを話しました。逆に、作成を担当者に任せて「われ関せず」という態度をとるとチーム全体の採点は低下すると忠告しました。

論理的思考

次に、テーマを議論するにあたって、論理的思考に努めるように説明しました。売り上げは客数×客単価ですから、客数と客単価を一〇パーセントずつ伸ばせば売り上げは二一パーセント増になります。売り上げをできるだけ増やす、という精神論的企画では説得力に欠けます。商品ごとや客種ごとに売り上げ増目標値を設定して目標管理をするということです。

客数にしても、何度もやってくるリピート客と一回しか来店しない一元客とは別に扱って目標設定しなければいけません。客の階層別区分、セグメンテーションです。品切れのお弁当対策も、仕入れを増やすだけでなく売れ残りを減らす工夫が伴わなければ成り立ちません。それには、注文販売も一案です。このように論理的思考をすることによって自分の意見をチームメンバーに伝えやすくなり、情報共有できることを説明しました。論理的思考は、ディスカッションをする時やプレゼンテーションをする時には大きな武器になります。

また、売り上げを増すためには立地条件も大切です。例えば、店舗を大学前から大学構内

プレゼンシート作成の協力作業（2016年）

に移転できればもっと売り上げを伸ばせる可能性があることを伝えて、ディスカッションの時は問題の基本に戻って考えると発想の転換に行きつくことがある、としました。

社会人の仕事

最後に、今回のグループディスカッション演習は会社の仕事そのものであることを示しました。つまり、自分の立ち位置を知り、役割を知り、チーム力をアップさせるために貢献することが、社会人としていかに大切かを示しました。

三河島汚水処分場の温故知新〜百年前の下水道に学ぶ〜

消える暗黙知

暗黙知は、ベテラン職員による長い実務経験と修羅場の体験などから形成されます。したがって、きわめて属人的で、その貴重な暗黙知は、次の世代に引き継がれることなく消え去ることも多々あると考えられます。消えてしまうと、時代が変わって再び長い実務経験と修羅場の体験の下に類似の暗黙知が形成されることになるのかもしれません。このようなロスをなくすには、温故知新、先人の知恵に学ぶことが大切です。

三河島汚水処分場

日本の近代下水道は大正十一年（一九二二）の東京市三河島汚水処分場（現在は三河島水再生センター）における供用開始で始まりました。この、日本で最初の下水処理場建設はう余屈折の連続でした。当時、東京市の下水道計画は明治四十年（一九〇七）に中島鋭治氏によって作られていましたが、当初の処理方式はセップティックタンクでした。中島鋭治氏は東京市水道事業の創設にも尽力し、明治四十四年（一九一一）には下水道に先行して創設水道を完成させました。水道事業の開設に見通しがついたので、同年、欧米へ下水道調査団を派遣して最新の下水道技術の動向を調べさせました。すると、下水処理技術がセップティックタンクから散水ろ床法に移行していたので、三河島汚水処分場については処理方式を散水ろ床法に変更して大正三年（一九一四）に工事着手しました。この間、わずか三年で処理方式を変更したことになりますから、強いリーダーシップが発揮されたに違いありません。同時に、当時の設計担当者は大変な苦労があったに違いありません。

段階的施工

三河島汚水処分場を建設するにあたっては、段階的施工の考えがありました。東京の下水道は、皇居や銀座を含む第一処理区、東京北部を受け持つ第二処理区、隅田川以東を受け持つ第三処理区に分かれ、それぞれに芝浦汚水処分場（現在の芝浦水再生センター）、三河島汚水処分場、砂町汚水処分場（現在の砂町水再生センター）を割り当てました。ここで注目すべきは、本来、首都機能が集中している第一処理区から下水道の建設を始めるべきでしたが第二処理区から始めている点です。これには諸説がありますが、第一処理区は沖合放流するための大口径鋳鉄管の国内手配が困難であったので、資材の手配しやすい三河島汚水処分場から始めたという説が有力です。

また、当時の日本は富国強兵策で西欧の産業革命の成果を積極的に導入している最中でした。実際、当時の東京市下水道建設事業の実質的責任者であった中島鋭治氏は、第二処理区を先行する意思決定の際に「とりあえずやったらよかろう」と述べたという記録が残っています。その結果、第二処理区の三河島汚水処分場は大正十一年（一九二二）に第一系列が散水ろ床法で完成しました。今から見れば、下水処理技術が未発達の大正末の段階で、手戻りのきかない第一処理区を着工するよりも第二処理区でようすを見るという総合的判断をしたと考えることもできます。なお、三河島汚水処分場が稼働した翌年には関東大震災が襲い、導水きょや散水ろ床池が損傷しました。

その後、第一処理区の芝浦汚水処分場はシンプレックス（機械撹拌）式活性汚泥法で昭和六年（一九三一）に完成しました。

建設工事

三河島汚水処分場の汚水揚水ポンプには、東京帝国大学の井口在屋（いのくちありや）教授の研究成果を取り入れた「ゐのくち式単段横軸渦巻ポンプ」が採用されました。これは純国産技術で、当時は揚水ポンプとして世界の最高水準を示すものでした。ポンプの設計は、井口教授の教え子の畠山一清氏が設立した株式会社荏原製作所の前身である「ゐのくち式機械設計事務所」が担当しました。この汚水揚水ポンプは設置後四〇年以上使用され、昭和三十九年（一九六四）には新しい横軸渦巻ポンプに更新されました。

一方、散水ろ床施設建設工事は、英国ハートレ・ソンス社と技術移転契約を結び、日立製作所と荒川製作所が技術指導を受けて製造、設置工事にあたりました。この時代には、欧米では散水ろ床施設が多数建設されていましたが、日本では製作したことがなく、技術輸入せざるを得ませんでした。

活性汚泥法導入

三河島汚水処分場が完成に近づいていたころ、すでに東京市は第一次世界大戦後の好景気で人口が急増していました。その結果、散水ろ床法では第二系列以降を計画どおりに建設を進めても処理能力不足が避けられないことになりました。

一方、活性汚泥法は大正三年（一九一四）に米国で発明され英国で実用化されましたが、この技術を東京大学の草間偉教授が大正十年（一九二一）に日本土木学会で講演して日本に紹介しました。活性汚泥法は散水ろ床法に比べて同じ敷地面積でより多くの汚水を処理できることが知られています。そこで、東京市は三河島汚水処分場第一系列完成後四年目の大正十五年（一九二六）から、三河島汚水処分場の第二系列工事以降を念頭において、パドル（機械攪拌）

式活性汚泥法の実証実験を始めました。その成果を適用し、昭和九年（一九三四）に三河島汚水処分場第二系列を活性汚泥法で完成させました。この結果、三河島汚水処分場は散水ろ床法と活性汚泥法を並行して運転することになりました。なお、日本で最初に活性汚泥法を採用したのは名古屋市の熱田処理場で、昭和五年（一九三〇）に稼働しました。

両処理法の比較

散水ろ床法と活性汚泥法には大きな違いがあります。まず、敷地面積当たりの汚水処理能力は活性汚泥法のほうが優れています。それに、散水ろ床法はハエの大量発生や臭気問題などが懸念されています。一方、活性汚泥法では、電力を多く必要とすることや発生汚泥量が多いなどの弱点もありました。また、運転については散水ろ床法は活性汚泥法に比べて操作が簡単ですが、時々生物膜が剥離して処理水の透明度が落ちることがあります。これらの性能比較の結果、その後の国内では散水ろ床法の建設は後退し、小規模はオキシデーションディッチ法、中規模、大規模は活性汚泥法が定着しました。

三河島汚水処分場の場合

三河島汚水処分場の場合には第一系列は散水ろ床法、第二系列は活性汚泥法で建設され、昭

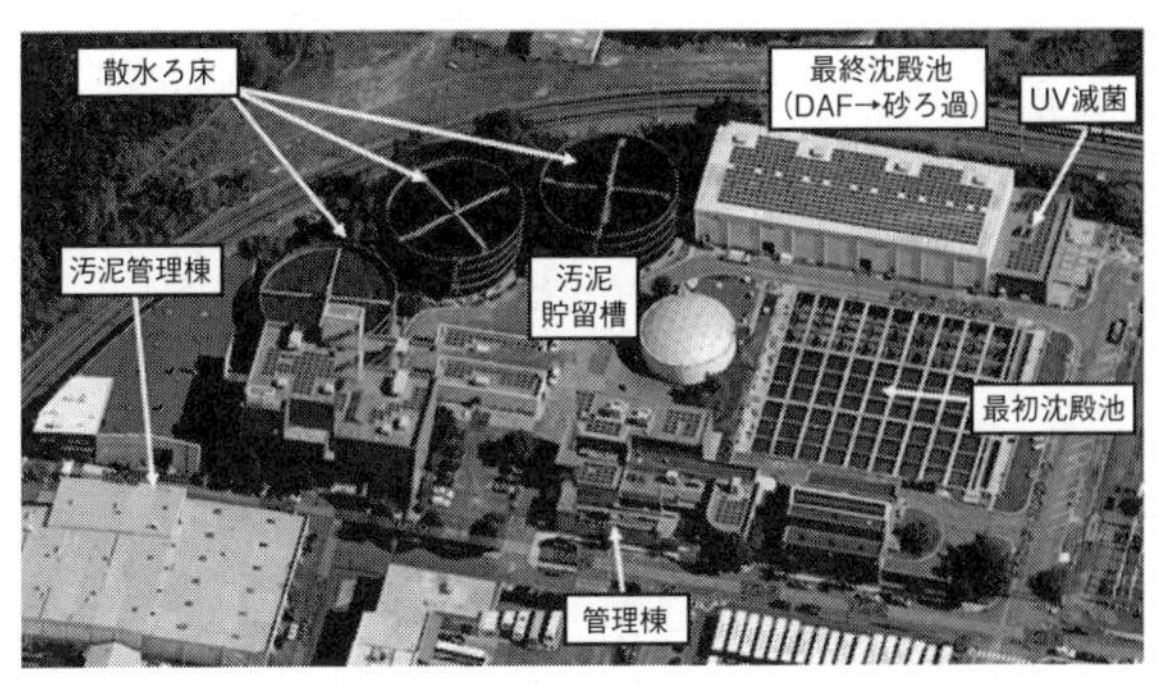

米国NJ州アダムス・ストリート下水処理場
散水ろ床円筒タンク（2013年）

和九年（一九三四）から戦後まで両者をハイブリッドで補完しながら並列運転してきました。ハイブリッド水処理といえば、現代では標準活性汚泥法とＭＢＲ法（膜式活性汚泥法）を並列運転する方式を示しますが、昭和の初めに同様の発想があったのには驚きました。三河島汚水処分場の場合は、通常は発生汚泥と消費電力の少ない散水ろ床法を優先して運転します。その上で、日負荷変動は活性汚泥法で吸収し、散水ろ床法で生物膜剥離が発生したら、最終沈殿池の負担を軽減するために活性汚泥法の負荷を増加する運転が選べました。

温故知新

散水ろ床法は一度消えた過去の技術ですが、省電力、発生汚泥量の減少、それに運転の簡素化の点で再び注目されています。それは、古い技術に現代の新しい知見や素材を投入し、低消費電力、運転の容易さ、処理水質の確保を実現するものです。米国は現在でも、前頁の写真のように円筒タンク式の散水ろ床法が日量八万立方メートルの下水処理場で堂々と稼働しています。米国の散水ろ床法は、剥離した生物膜を確実に回収するとともに放流水質を確保するために、最終沈殿池の代りに汚泥浮上濃縮施設（ＤＡＦ）と急速砂ろ過施設を設置してありました。

日本の下水道は活性汚泥法で高性能な下水処理を目指してきましたが、人口減少社会、水需要減少社会に突入した現在、老朽化した既存の水処理施設を更新する際に、新しい施設は改良した散水ろ床法にして古い活性汚泥処理施設と並列で運用するという、昭和初期とは逆の令和のハイブリッド運転が始まるかもしれません。

技術証言～証言に基づく東京下水道史～

証言の重み

東京都下水道サービス株式会社は令和二年（二〇二〇）に『証言に基づく東京下水道史（技術編）』（以下、証言集）を発行しました。

「証言に基づく東京下水道史」
表紙（2010 年）

東京の下水道史は平成一年（一九八九）に下水道普及概成を記念して東京都が下水道正史として「下水道東京一〇〇年史」を発行しました。今回の証言集は、東京都下水道サービス社の谷口尚弘氏が中心になって関係者の証言に光を当て、五年かけてまとめたものです。著者も何箇所かで証言しましたが､関係者が元気なうちに話を聞き､形式知として記録しておこうという趣旨でした。対象範囲は戦後から平成十五年ころまでです。あまり古い時代は証言が取れないし、新しいのは証言しにくい、ということでした。当然のことながら、正史と証言集とでは大きな違いがあります。証言集は人が語るので記憶がすべて正しいとは限りません。くまなく見ているともいえません。ですから歴史の精度が劣るのはやむを得ません。しかし、特定の個人が述べたことにはリアリティがあり、想いが込められています。とりわけ、困難な仕事に取り組んだ時には強い印象を受け、記憶に鮮明に残るものです。それを語ることによってはじめて再現される気づきも少なくありません。歴史とはそういうものです。

以下、証言集の一部を紹介します。

三六答申

証言集に収録された多数の言葉のうち、読者にぜひ知っていただきたいものは昭和三十六年（一九六一）に東京都都市計画審議会で結実した「三六答申」です。これは「サブロクトウシン」と呼びますが、元東京都下水道局長の間片博之氏が次のように証言しています。

「委員長は先般の狩野川台風に言及し、都市排水を担当する河川側、下水道側それぞれに対し、再度狩野川台風が襲来した場合、相変わらず氾濫するような状態が許されるだろうか、もし答えがノーであるならば、河川の下水道幹線化に当たっては狩野川台風による降雨でも氾濫しない流下能力を取ることを原則とすべきであると結論付けた。」

当時の東京の中小河川は、晴天時には家庭排水や工場排水でどぶ川となり台風が来ると頻繁にはん濫する状況でした。そこに下水道を普及させる時の問題を審議していたのです。下水道出身の間片氏は、この時はたまたま東京都河川部の係長の立場で審議会に関わっていました。この答申の結果、都内一六の中小河川について下水道幹線化が決定されました。この下水道と中小河川との関係は、昭和三十九年（一九六四）の東京オリンピックを目指した下水道の整備と中小河川改良の課題を同時に解決する画期的な政策選択でした。この証言の背景には、河川部門と下水道部門の人事交流、河川と下水道を水行政の総合化という視点で見た間片氏の見識などをうかがい知ることができます。

シールド工事

日本で最初の下水道シールド工事は昭和三十七年（一九六二）に着工した東京都の石神井（しゃくじい）川下幹線工事でした。当時の建設部長で下水道シールド工法提案者の野中八郎氏は

「日本で初めての、しかも公共的な下水道管きょ工事に率先採用するには大英断を要した」と述べています。工事担当者の田淵寅造氏は次のように証言しています。

「当時はハンドブックもシールド工についてはほんのわずか載っている程度でした。それ

で以前に関門トンネルなどの工事をシールド工法で施工したと聞いていたので、国鉄に行き本を借りて勉強した。施工機械については、関門トンネル工事の所長がソ連へ視察旅行に行って、二〇〇〇ミリのシールドマシンを買ってきた実物があったので非常に参考になった。」

と述べています。さらに、

「工事を担当する者は、地元関係者と如何に良好な関係を創るか、工事関係者は、まさにこれに尽きるのではないかと思われる。どんな工事であっても全く問題なく竣工することはまれであるが、この工事でも工事の途中でいろいろなことが発生した。」

とさらりと述べています。しかし、当時のシールド工法は圧気工法で、実際には圧気が抜けて鉄分の多い地層を通過し、酸欠空気が地下室に漏れる事故が起きました。また、

「旧陸軍の施設に当たり、石神井川の水が浸入しました。」

「ガラが出てきて危ないと思ったので作業員を避難させた直後水が入ってきました。」

と述べています。大事故寸前の大変なことがあったわけです。

先行待機ポンプ

昭和六十二年（一九八七）に世界で初めて導入した先行待機ポンプの設計に関与した小島則一氏の証言です。都市ゲリラ豪雨などの際、

「大量の雨水がポンプ所を急襲することが頻繁になっています。雨水が到達して規定水位になってから大型雨水ポンプを起動することは、流入雨水にポンプの制御が追い付かず雨水ポンプの自動化を困難にしていました。」「雨水ポンプ所の設計が数多く発注されていた昭和五十年（一九七五）代半ばに入り、雨水ポンプの設計部署では、どんな水位でも運転可能なポンプが出来ないか、ポンプメーカーに強く働きかけていました。たまたま、あるメーカーが運転水位以下で運転したところ、振動や騒音が全然起きなかったことがあり、東京都の要望に応えられるのではということで開発が始まりました。」

「先行待機ポンプは、大都市東京の豪雨時にいっ水から都民を守るための画期的な技術であるといっても過言ではありません。」

「先行待機ポンプは、雨水ポンプの自動化を単純化して実現し豪雨時には、守りの制御から攻めの制御に転換することが可能になりました。このことがポンプ所の無人化計画を着実に実現した背景にあると思います。」

このように、ユーザーである東京都下水道局のニーズを明らかにすることによってメーカーの技術力を引き出し、それまでは非常識であった先行待機運転というポンプ操作方式を常識に変え、都市の雨水排水機能を大きく強化したのでした。小島氏の部署は、この課題を特定のメーカーだけに与えるのではなく、複数のメーカーに投げかけて、日本のポンプメーカーの底上げを図った点も特筆すべきことでした。

先行待機ポンプ技術は、大正時代に井口在屋教授が手掛けた世界最高水準の大型渦巻ポンプに匹敵する、世界に誇る国産技術です。

管路の維持管理

管路は戦後、失業対策事業としてすべてを直営で始めましたが、次第に民間委託の体制を構築してきました。昭和五十一年（一九七六）九月、東京都下水道専業者のうち五四社で「下水道メンテナンス組合」を設立しました。昭和五十二年二月には同組合は「『官公需的確組合』として認定され、単に管きょの維持管理業務のみならず、高潮防潮堤の点検整備や緊急時の開閉作業なども受注した。」昭和五十年（一九七五）代後半からは、「テレビカメラによる管路内調査により管路内の状態を把握することができるようになり、これに基づき計画的に対応策がとれるようになってきました。さらに昭和六十年（一九八〇）四月から東京都下水道サービス株式会社に『緊急処理受付業務』を委託して、夜間休日の受付業務を外部化しました。」

まさに、半世紀も前から官民連携で増大する下水道管の維持管理に対処してきた記録でした。

ガス爆発

証言集には、下水道管関連の事故事例が掲載されています。そのなかで昭和三十一年（一九五六）六月に発生した下水道管のガス爆発は、忘れてはいけない事故でした。

「午後六時ごろ台東区入谷町都電停留所付近で、一四五メートルにわたり下水きょが突然爆発、道路破壊とともに通行人など四人が重軽傷を負い、現場に面した数件の商店、住宅は爆風でガラス窓が吹き飛ばされ、都電は不通、破れたガス管からはガスが吹き、水道も一時ストップした。原因は、下水きょ内上部を横断していたガス管が腐食してその無数の腐食孔からきょ内に漏洩し、下水きょ直結の雨水ます、人孔の蓋の孔から路上に流れ出し、これが何らかの原因で引火、大爆発したものと推定される。」

都市ガスの爆発事故では昭和四十五年（一九七〇）に大阪の地下鉄工事現場で七九名が死亡した天六ガス爆発事故が有名ですが、密閉空間である下水道管も十分注意する必要があります。

白色固形物と水質管理

水質技術者は、いわば下水処理場の医師のような役割ですが、平成十一年（一九九九）に東京お台場に白色を呈した固形物が流れ着いて大問題になりました。これは白色固形物と呼ばれ、下水道管内に堆積した油が白色に変色して大雨の時に雨水吐口から流出してお台場に流れ着いたものです。以下は当時、芝浦水再生センターに勤務していた安田勉氏の証言です。

「海保部は芝浦処理場の排出水が白色固形物の原因とみていたようで、白色固形物が海上で見つかるたびに、芝浦処理場に対応を求めてきました。」

「そこで私は平成十三年（二〇〇一）二月から芝浦下水処理場で調査をはじめ、六月ごろにはおおよその発生メカニズムを明らかにすることができた。その後の調査等で『一般家庭等で使用する動植物性油が下水に流入した後、微生物等の分解を受け、時間経過とともに分解しにくい高級脂肪酸（パルミチン酸）の含有比率が高い白色固形物に変化・生成される』というメカニズムを明らかにし、東京都下水道局の統一見解となりました。」

このため、東京都下水道局は下水に油を捨てない「油断快適キャンペーン」を始め、下水道管の清掃やポンプ所スクリーンの目幅縮小などハード、ソフトの対策を進めることになりました。この活動は、泳げる東京湾を目指して写真のように東京都の環境保全局、港湾局、下水道局がかかわる「お台場の海水浄化実験」に展開していきました。以下は、下水道局を代表して規制当局と交渉した大同均氏の証言です。

「（東京都の）環境保全局との協議では、雨天時越流水問題にとどまらず、白色固形物問題の舞台となったお台場海浜公園の水質浄化に共同で取り組む方向を確認するなど、より前向

お台場海浜公園の海水浄化実験光景（2003 年）

きな協力関係を構築することができました。また、水質基準の適用に関しては、国交省が環境省に働きかけ、平成十三年（二〇〇一）に国レベルで「合流式下水道改善対策検討委員会」が設置され、下水道の吐口やポンプ所からの雨天時越流水に対しては、水質汚濁防止法の適用は除外することが確認されました。」

「この決定は、今までモヤモヤしていた命題に一定の明快な回答を示したことになり、全国の下水道事業に大きな影響を及ぼしました。適用除外の理由は、吐口やポンプ所は特定施設ではないという見解でした。」

証言集では、このような成果を得られた要因として、白色固形物の「実態を都民に公表し、自らできる施策を最大限に取り組むという姿勢を示し、それを実践していった」ことを指摘しています。

ソフトプラン

ソフトプランは、東京都の下水道光ファイバー計画で、現在は八〇〇キロメートル余の光ファイバーを下水道管に敷設して下水道施設の管理用に運用しています。このソフトプランに関わった小出正實氏の証言です。

「平成元年（一九八九）浜町第二ポンプ所から箱崎ポンプ所、後楽ポンプ所から湯島ポンプ所の遠方監視制御をする際に下水道管きょ内光ファイバーケーブルを使用しました。平成二十八年度（二〇一六）現在、水再生センター九カ所、ポンプ所七カ所から二カ所の水再生センターと七六カ所のポンプ所が遠方監視制御の導入により無人化されています。これが実現できたのもソフトプランによる下水道管きょ内光ファイバーネットワークの構築によるところが大きいと思います。ソフトプランはポンプ所、処理場の遠方制御で活用するとともに、都庁や下水道局の管理事務所、出張所をネットワークで結び、下水道業務で運用される情報の共有化を進め業務の効率化を図るものです。」

また、日本下水道光ファイバー技術協会の藤平貞義氏は、

「平成二十三年（二〇一一）の三・一一東日本大震災についてですけれども、通信事業者に

よる公衆回線網がかなりふくそうして、通信できないところがありました。この時、ソフトプラン電話とかソフトネットワークは有効に機能しました。安否確認が早くできたのは下水道局だけということで都庁の中では評判になりました。」

と証言しました。

温故知新

証言集を読むと、下水道インフラは無数の先人の苦労や熱意、時には誇りや喜びのもとに建設され、維持管理されてきたことがよくわかります。その中には、現在でも光輝いているものもあれば、事故の記録もあります。ともすれば、成功した話だけが語り継がれることが多いですが、時には失敗もあるし、修正せざるを得なかったものもあったはずです。それらを活字にして形式知として後世に残すのは極めて重要なことです。さらに、同証言集の行間には下水道のヒント、下水道の暗黙知がちりばめられていました。この下水道のヒントは、次の世代の新たな下水道への挑戦の有力な武器になるものと確信しました。

温故知新とはそのようなものです。

（「　」は『証言に基づく東京下水道史』からの引用で、原文のママです。）

おわりに

五年前に、これが最後との決意のもとに『下水道の考えるヒント3』を発行しました。その後、月刊下水道誌の連載「ティーブレイク」と水道公論誌の連載「FINDER」と「技術評論」を続けているうちに大量のバックナンバーがたまりました。このバックナンバーの内容を調べてみると、それまでは下水道技術へのアプローチが多かったのですが、この五年間は人材育成や暗黙知のような下水道技術者そのものに対する関心が高まっていたことに気づきました。

そこで、本のサブタイトルとしては前回同様に「技術継承をめざして」としましたが、内容は編集者とも相談させていただき、第一編「危機管理」、第二編「技術経営」、第三編「技術継承」として、下水道に関わる地方公共団体技術者を強く意識した構成にしました。

実は、平成三十年（二〇一八）秋に、思い立って全国の下水道管理職関係者を中心に技術継承のアンケートを行いました。個人がこの種のアンケートを行うことはきわめて異例でしたが、あえて行ってみました。

アンケートの目的は、回答者が下水道の技術継承をどう認識していてどのように実践しているか、とりわけ暗黙知の技術継承の実態を把握するためのもので、記述式の面倒な内容にもかかわらず、一六八人に依頼して七六人から回答をいただきました。回答率は、四五・二%でした。詳しくは『下水道協会誌』二〇二〇年四月号論文集を参照していただきたいですが、技術継承に対する期待や想いが、係長（監督層）、課長（管理層）、部長（経営層）の階層で見た場合、部長（経営層）は軽く、係長（監督層）は大きいという結果が出ました。また、継承すべき暗黙知については、暗黙知を有している伝承者の立場にある人は暗黙知に対する認識が少なく、暗黙知を受け取る継承者や、双方とは立場を異にする第三者が暗黙知を暗黙知として認めている現状が見えてきました。

このようなことから、技術継承を実現するには、伝承者と継承者が精いっぱい頑張るという精神論ではなく、継承者が伝承者のさりげない仕草の中から暗黙知に気づくことに重きを置いていく必要性が確認できました。ご回答くださった皆様に深く感謝申しあげます。

また、平成三十年（二〇一八）から浜松市で下水道コンセッションがスタートしましたが、下水処理場の運営権を二〇年間民間企業に設定するという刺激的なフレームで大いに興味を持ち、現地へ何回も足を運び、浜松市関係者、運営権者・浜松ウォーターシンフォニー社の関係者と面談しました。すると、創造的復興とのスローガンの下で宮城県企業局でも「みやぎ型管理運営方式」が動き始め、東日本大震災で現地調査に関わったこともあり仙台にも通って、現地視察と関係者との意見交換を続けました。
これらの活動を通して、下水道コンセッションの動向は日本の下水道事業が抱えている事業縮小、ソフトランディングという基本的な課題に立ち向かう有力な手段ではないかとの期待を持つことができました。もちろん、事業縮小は単なる撤退ではなく新たな下水道事業の誕生という志向です。都市の創造的縮小、下水道の創造的縮小は世界に先駆けた都市モデルになるのではないかとの期待も生まれてきました。その当然の帰結として、その時々において連載のテーマとして論じてきました。

その結実が、第一編「危機管理」、第二編「技術経営」、そして第三編「技術継承」です。
本書は、この五年間連載してきた月刊下水道誌「ティーブレイク」と水道公論誌「FINDER」や「技術評論」などをベースにして大幅に加筆修正したものです。連載に当たって温かい励ましの言葉を送り続けてくれ、本書への転載を快く了承してくれた環境新聞社月刊下水道編集部野田宜践氏、日本水道新聞社村仲英俊氏には心から御礼申し上げます。また、原稿段階で適切なアドバイスをいただいた京都市上下水道局（日本下水道事業団出向）田中隆一郎氏、東芝インフラシステムズ社宮尾圭一氏に感謝申しあげます。

令和三年四月　著者

著者略歴等

中里　卓治（なかざと　たくじ）

昭和二十二年生まれ、埼玉県出身。四十七年東京都採用、平成十七年下水道局施設管理部長で東京都退職。同年（公益財団法人）日本下水道新技術機構採用、二十三年退職。技術士（上下水道部門）、第二種電気主任技術者、電気学会上級会員、環境システム計測制御学会名誉会員。

下水道の 考えるヒント 4
技術継承をめざして

2021 年 4 月 26 日 発行

著　　者　中里　卓治
発 行 者　波田　敦
発 行 所　株式会社 環境新聞社
〒160－0004
東京都新宿区四谷 3－1－3　第 1 富澤ビル
TEL（03）3359－5371　FAX（03）3351－1939
印刷・製本　株式会社 平河工業社

ISBN978－4－86018－397－4 C3295　定価はカバーに表示しています。